이 책의 **머리말**

'방방이'라고 불리는 트램펄린에서 뛰어 본 적 있나요?
처음에는 중심을 잡고 일어서는 것도 어렵지만
발끝에 힘을 주고 일어나 탄력에 몸을 맡기면
어느 순간 공중으로 높이 뛰어오를 수 있어요.

수학 공부도 마찬가지랍니다.
넘사벽이라고 느껴지던 어려운 문제도
해결 전략에 따라 집중해서 훈련하다 보면
어느 순간 스스로 전략을 세워 풀 수 있어요.

처음에는 서툴지만 누구나 트램펄린을 즐기는 것처럼
문제 해결의 길잡이로 해결 전략을 익힌다면
어려운 문제도 스스로 해결할 수 있어요.

자, 우리 함께 시작해 볼까요?

이 책의 **구성**

문 문제를 보기만 해도 어떻게 풀어야 할지 머릿속이 깜깜해진다구요?

해 해결 전략에 따라 길잡이 학습을 익히면 자신감이 생길 거예요!

길 길잡이 학습을 어떻게 하냐구요? 지금 바로 문해길을 펼쳐 보세요!

문해길 학습 **1** 시작하기

문해길 학습 **2** 해결 전략 익히기

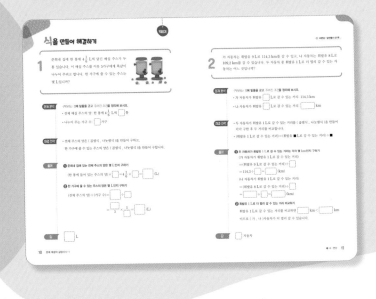

학습 계획 세우기
영역 학습을 시작하며 자신의 실력에 맞게 하루에 해야 할 목표를 세웁니다.

시작하기
문해길 학습에 본격적으로 들어가기 전에 기본 학습 실력을 점검합니다.

해결 전략 익히기

문제 분석하기	구하려는 것과 주어진 조건을 찾아내는 훈련을 통해 문장제 독해력을 키웁니다.
해결 전략 세우기	문제 해결 전략을 세우는 과정을 연습하며 수학적 사고력을 기릅니다.
단계적으로 풀기	단계별로 서술함으로써 풀이 과정을 익힙니다.

초·중등 수학 흐름도 & 문제 해결의 길잡이

Mirae N 에듀

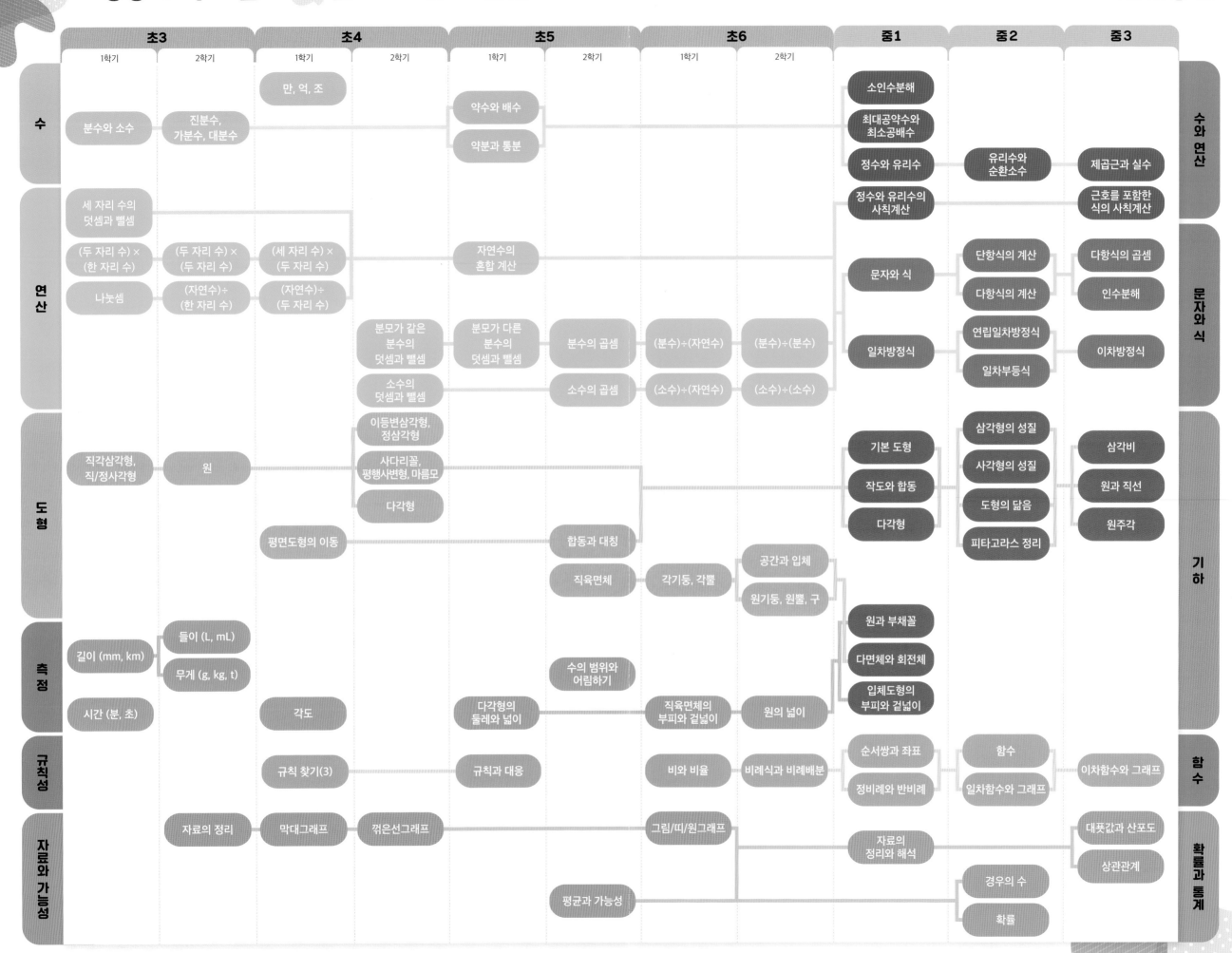

	초3	초4	초5	초6	중1	중2	중3	
	1학기 / 2학기	1학기 / 2학기	1학기 / 2학기	1학기 / 2학기				

수: 분수와 소수, 진분수·가분수·대분수, 만·억·조, 약수와 배수, 약분과 통분, 소인수분해, 최대공약수와 최소공배수, 정수와 유리수, 정수와 유리수의 사칙계산 · 유리수와 순환소수 · 제곱근과 실수, 근호를 포함한 식의 사칙계산 → **수와 연산**

연산: 세 자리 수의 덧셈과 뺄셈, (두 자리 수)×(한 자리 수), 나눗셈, (두 자리 수)×(두 자리 수), (자연수)÷(한 자리 수), (세 자리 수)×(두 자리 수), (자연수)÷(두 자리 수), 자연수의 혼합 계산, 분모가 같은 분수의 덧셈과 뺄셈, 소수의 덧셈과 뺄셈, 분모가 다른 분수의 덧셈과 뺄셈, 분수의 곱셈, 소수의 곱셈, (분수)÷(자연수), (소수)÷(자연수), (분수)÷(분수), (소수)÷(소수), 문자와 식, 일차방정식, 단항식의 계산, 다항식의 계산, 연립일차방정식, 일차부등식, 다항식의 곱셈, 인수분해, 이차방정식 → **문자와 식**

도형: 직각삼각형·직/정사각형, 원, 이등변삼각형·정삼각형, 사다리꼴·평행사변형·마름모, 다각형, 평면도형의 이동, 합동과 대칭, 직육면체, 각기둥·각뿔, 공간과 입체, 원기둥·원뿔·구, 기본 도형, 작도와 합동, 다각형, 삼각형의 성질, 사각형의 성질, 도형의 닮음, 피타고라스 정리, 삼각비, 원과 직선, 원주각 → **기하**

측정: 길이(mm, km), 들이(L, mL), 무게(g, kg, t), 시간(분, 초), 각도, 다각형의 둘레와 넓이, 수의 범위와 어림하기, 직육면체의 부피와 겉넓이, 원의 넓이, 원과 부채꼴, 다면체와 회전체, 입체도형의 부피와 겉넓이

규칙성: 규칙 찾기(3), 규칙과 대응, 비와 비율, 비례식과 비례배분, 순서쌍과 좌표, 정비례와 반비례, 함수, 일차함수와 그래프, 이차함수와 그래프 → **함수**

자료와 가능성: 자료의 정리, 막대그래프, 꺾은선그래프, 그림/띠/원그래프, 평균과 가능성, 자료의 정리와 해석, 경우의 수, 확률, 대푯값과 산포도, 상관관계 → **확률과 통계**

수학 상위권 진입을 위한 문장제 해결력 강화

문제 해결의 길잡이

원리

수학 6-1

Mirae **N** 에듀

수학의 모든 문제는 8가지 해결 전략으로 통한다!

문제 해결의 길잡이 에서 집중 연습하는 8가지 해결 전략

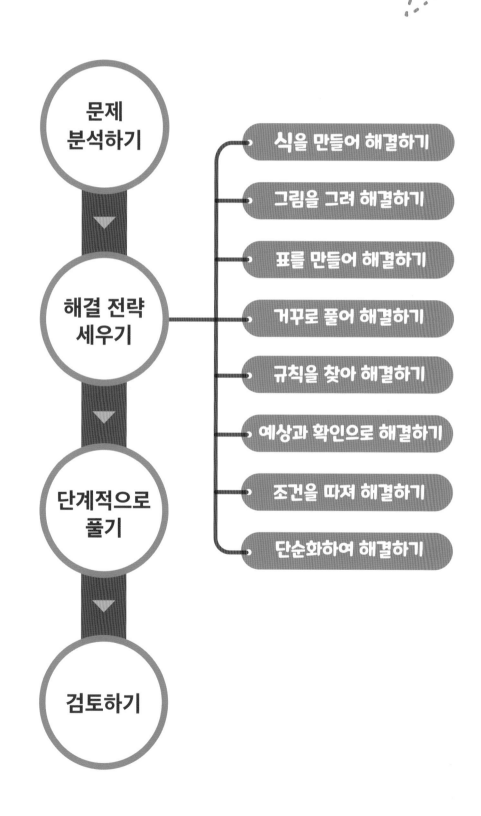

- 문제 분석하기
- 해결 전략 세우기
- 단계적으로 풀기
- 검토하기

- 식을 만들어 해결하기
- 그림을 그려 해결하기
- 표를 만들어 해결하기
- 거꾸로 풀어 해결하기
- 규칙을 찾아 해결하기
- 예상과 확인으로 해결하기
- 조건을 따져 해결하기
- 단순화하여 해결하기

문제 풀이 동영상과 함께 완벽한 문해길 학습!

문제를 풀다가 막혔던 문제나 틀린 문제는 풀이 동영상을 보고, 온전하게 내 것으로 만들어요!

해결 전략 적용하기

마무리하기

해결 전략 적용하기

문제 분석하기 → 해결 전략 세우기 → 단계적으로 풀기

문제를 읽고 스스로 분석하여 해결 전략을 세워 봅니다. 그리고 단계별 풀이 과정에 따라 정확하게 문제를 해결하는 훈련을 합니다.

마무리하기

마무리하기에서는 스스로 해결 전략과 풀이 단계를 세워 문제를 해결합니다. 이를 통해 향상된 실력을 확인합니다.

문제 해결력 TEST

문해길 학습의 최종 점검 단계입니다. 틀린 문제는 쌍둥이 문제를 다운받아 확실하게 익힙니다.

이 책의 **차례**

3장 규칙성·자료와 가능성

[부록 시험지] 문제 해결력 TEST

1장 수·연산

5-2

- 분수의 곱셈
- 소수의 곱셈

6-1

• 분수의 나눗셈
(자연수)÷(자연수)의 몫을 분수로 나타내기
(분수)÷(자연수)
(대분수)÷(자연수)

• 소수의 나눗셈
(소수)÷(자연수)
(자연수)÷(자연수)의 몫을 소수로 나타내기
몫의 소수점 위치 확인하기

6-2

- 분수의 나눗셈
- 소수의 나눗셈

" 학습 계획 세우기 "

	익히기	적용하기	
식을 만들어 해결하기	☐ 10~11쪽 월 일	☐ 12~13쪽 월 일	☐ 14~15쪽 월 일
그림을 그려 해결하기	☐ 16~17쪽 월 일	☐ 18~19쪽 월 일	☐ 20~21쪽 월 일
거꾸로 풀어 해결하기	☐ 22~23쪽 월 일	☐ 24~25쪽 월 일	☐ 26~27쪽 월 일
조건을 따져 해결하기	☐ 28~29쪽 월 일	☐ 30~31쪽 월 일	☐ 32~33쪽 월 일
단순화하여 해결하기	☐ 34~35쪽 월 일	☐ 36~37쪽 월 일	☐ 38~39쪽 월 일

마무리 1회	마무리 2회
☐ 40~43쪽 월 일	☐ 44~47쪽 월 일

수·연산 시작하기

1 그림을 보고 $3 \div 5$의 몫을 분수로 나타내시오.

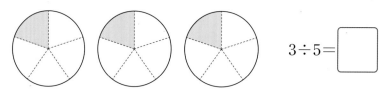

$3 \div 5 = \boxed{}$

2 자연수의 나눗셈을 이용하여 소수의 나눗셈을 해 보시오.

$813 \div 3 = 271$

$81.3 \div 3 = \boxed{}$

$8.13 \div 3 = \boxed{}$

$791 \div 7 = 113$

$79.1 \div 7 = \boxed{}$

$7.91 \div 7 = \boxed{}$

3 그림을 보고 □ 안에 알맞은 수를 써넣은 다음, 나눗셈의 몫을 분수로 나타내시오.

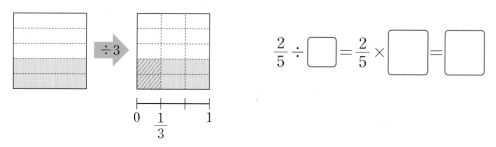

$\dfrac{2}{5} \div \boxed{} = \dfrac{2}{5} \times \boxed{} = \boxed{}$

4 보기 와 같은 방법으로 계산해 보시오.

보기

$$1.68 \div 8 = \frac{168}{100} \div 8 = \frac{168 \div 8}{100} = \frac{21}{100} = 0.21$$

$94.5 \div 5 = $ _____

바른답·알찬풀이 01쪽

5 보기와 같은 방법으로 계산해 보시오.

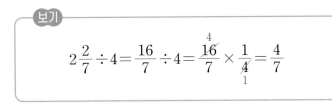

$$2\frac{2}{7} \div 4 = \frac{16}{7} \div 4 = \frac{\overset{4}{\cancel{16}}}{7} \times \frac{1}{\underset{1}{\cancel{4}}} = \frac{4}{7}$$

$$3\frac{3}{5} \div 9 = \underline{\hspace{4cm}}$$

6 다음 계산에서 잘못된 곳을 찾아 바르게 고쳐 보시오.

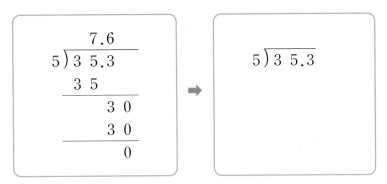

7 다음 중 $\frac{9}{11} \div 8$과 계산 결과가 같은 것을 찾아 기호를 쓰시오.

| ㉠ $\frac{9}{11} \times 8$ | ㉡ $\frac{11}{9} \times \frac{1}{8}$ | ㉢ $\frac{9}{11} \times \frac{1}{8}$ |

(   )

8 몫이 가장 큰 것부터 차례로 기호를 쓰시오.

| ㉠ $8 \div 5$ | ㉡ $18 \div 4$ | ㉢ $30 \div 8$ |

(   )

식을 만들어 해결하기

1 준희네 집에 한 통에 $4\frac{1}{6}$ L씩 담긴 매실 주스가 두 통 있습니다. 이 매실 주스를 이웃 5가구에게 똑같이 나누어 주려고 합니다. 한 가구에 줄 수 있는 주스는 몇 L입니까?

문제 분석

구하려는 것에 밑줄을 긋고 주어진 조건을 정리해 보시오.

• 전체 매실 주스의 양: 한 통에 $4\frac{1}{6}$ L씩 ☐ 통

• 나누어 주는 가구 수: ☐ 가구

해결 전략

• 전체 주스의 양은 (곱셈식 , 나눗셈식)을 만들어 구하고,

  한 가구에 줄 수 있는 주스의 양은 (곱셈식 , 나눗셈식)을 만들어 구합니다.

풀이

❶ 준희네 집에 있는 전체 주스의 양은 몇 L인지 구하기

(한 통에 들어 있는 주스의 양) $\times$ ☐ $= 4\frac{1}{6} \times$ ☐ $=$ ☐ (L)

❷ 한 가구에 줄 수 있는 주스의 양은 몇 L인지 구하기

(전체 주스의 양) $\div$ (가구 수) $=$ ☐ $\div$ ☐

$= \dfrac{\boxed{}}{3} \times \dfrac{1}{\boxed{}} =$ ☐ (L)

답 ☐ L

2 가 자동차는 휘발유 9 L로 114.3 km를 갈 수 있고, 나 자동차는 휘발유 8 L로 109.2 km를 갈 수 있습니다. 두 자동차 중 휘발유 1 L로 더 멀리 갈 수 있는 자동차는 어느 것입니까?

문제 분석

구하려는 것에 밑줄을 긋고 주어진 조건을 정리해 보시오.

• 가 자동차가 휘발유 ☐ L로 갈 수 있는 거리: 114.3 km

• 나 자동차가 휘발유 ☐ L로 갈 수 있는 거리: ☐ km

해결 전략

• 두 자동차가 휘발유 1 L로 갈 수 있는 거리를 (곱셈식 , 나눗셈식)을 만들어 각각 구한 후 두 거리를 비교합니다.

• (휘발유 1 L로 갈 수 있는 거리)=(휘발유 ■ L로 갈 수 있는 거리)÷■

풀이

❶ 두 자동차가 휘발유 1 L로 갈 수 있는 거리는 각각 몇 km인지 구하기

(가 자동차가 휘발유 1 L로 갈 수 있는 거리)

=(휘발유 9 L로 갈 수 있는 거리)÷☐

=114.3÷☐=☐ (km)

(나 자동차가 휘발유 1 L로 갈 수 있는 거리)

=(휘발유 8 L로 갈 수 있는 거리)÷☐

=☐÷☐=☐ (km)

❷ 휘발유 1 L로 갈 수 있는 거리 비교하기

휘발유 1 L로 갈 수 있는 거리를 비교하면 ☐ km< ☐ km

이므로 (가 , 나)자동차가 더 멀리 갈 수 있습니다.

답

☐ 자동차

식을 만들어 해결하기

1 현준이는 감자 $8\frac{3}{4}$ kg을 바구니 7개에 똑같이 나누어 담았습니다. 한 바구니에 담은 감자를 3일 동안 매일 똑같이 나누어 먹었다면 하루에 먹은 감자는 몇 kg입니까?

❶ 한 바구니에 담은 감자의 무게는 몇 kg인지 구하기

❷ 하루에 먹은 감자의 무게는 몇 kg인지 구하기

2 윤하는 넓이가 8 m²인 천을 9등분하고 그중 4조각으로 식탁보를 만들었습니다. 윤하가 식탁보를 만드는 데 사용한 천의 넓이는 몇 m²인지 기약분수로 나타내시오.

❶ 천을 9등분한 것 중 한 조각의 넓이는 몇 m²인지 구하기

❷ 식탁보를 만드는 데 사용한 천의 넓이는 몇 m²인지 구하기

바른답·알찬풀이 01쪽

3 수지가 일주일 동안 물을 150.15 L 사용했습니다. 매일 같은 양을 사용했다면 수지가 3일 동안 사용한 물은 몇 L입니까?

❶ 하루 동안 사용한 물의 양은 몇 L인지 구하기

❷ 3일 동안 사용한 물의 양은 몇 L인지 구하기

4 무게가 같은 쇠구슬을 12개 담은 상자의 무게가 15.2 kg입니다. 빈 상자의 무게가 0.8 kg일 때 쇠구슬 한 개의 무게는 몇 kg입니까?

❶ 쇠구슬 12개의 무게는 몇 kg인지 구하기

❷ 쇠구슬 한 개의 무게는 몇 kg인지 구하기

식을 만들어 해결하기

5 오른쪽과 같이 직사각형 모양 종이를 똑같이 16칸으로 나눈 다음 색칠했습니다. 전체 종이의 넓이가 56 cm²일 때 색칠한 부분의 넓이는 몇 cm²인지 기약분수로 나타내시오.

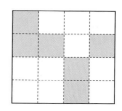

❶ 나눈 한 칸의 넓이는 몇 cm²인지 구하기

❷ 색칠한 부분의 넓이는 몇 cm²인지 구하기

6 무게가 같은 장난감이 한 상자에 9개씩 들어 있습니다. 이 장난감 6상자의 무게는 $14\frac{2}{5}$ kg이고 빈 상자 한 개의 무게는 $\frac{3}{5}$ kg입니다. 장난감 한 개의 무게는 몇 kg인지 기약분수로 나타내시오.

❶ 장난감 한 상자의 무게는 몇 kg인지 구하기

❷ 장난감 9개의 무게는 몇 kg인지 구하기

❸ 장난감 한 개의 무게는 몇 kg인지 구하기

바른답 · 알찬풀이 02쪽

7 콩 $8\frac{1}{8}$ kg을 5개의 자루에 똑같이 나누어 담았습니다. 한 자루에 담은 콩을 8명이 똑같이 나누어 가지려고 합니다. 한 사람이 갖는 콩은 몇 kg입니까?

8 5분 동안 2.8 cm씩 타는 양초가 있습니다. 양초가 1분 동안 타는 길이가 일정하다면 이 양초가 9분 동안 타는 길이는 몇 cm입니까?

9 금 7돈과 다이아몬드 12캐럿의 무게를 각각 재었습니다. 금 3돈과 다이아몬드 2캐럿으로 만든 반지의 무게는 몇 g입니까? (단, 반지의 무게에서 금과 다이아몬드 이외의 무게는 생각하지 않습니다.)

금 7돈　　　　다이아몬드 12캐럿

그림을 그려 해결하기

1 과학 실험을 위해 소금물 2.4 L를 3개의 수조에 똑같이 나누어 담은 후 수조 한 개에 담은 소금물을 두 개의 비커에 똑같이 나누어 담았습니다. 비커 한 개에 담은 소금물은 몇 L입니까?

문제 분석

구하려는 것에 밑줄을 긋고 주어진 조건을 정리해 보시오.

• 전체 소금물의 양: 2.4 L

• 수조 한 개에 담은 양: 전체 양을 [ ]등분한 것 중 하나

• 비커 한 개에 담은 양: 수조 한 개에 담은 양을 [ ]등분한 것 중 하나

해결 전략

• 전체 소금물의 양을 그림으로 나타내어 [ ]등분한 다음, 나눈 것 중 하나를 다시 [ ]등분합니다.

풀이

❶ 수조 한 개에 담은 소금물의 양을 그림으로 나타내기

전체 소금물의 양

수조 한 개에 담은
소금물의 양

❷ 비커 한 개에 담은 소금물의 양을 그림으로 나타내기

수조 한 개에 담은
소금물의 양

← 비커 한 개에 담은 소금물의
양만큼 색칠해 보시오.

❸ 비커 한 개에 담은 소금물은 몇 L인지 구하기

비커 한 개에 담은 소금물의 양은 전체 소금물의 양 2.4 L를 [ ]등분한 것 중 하나입니다.

➡ 2.4 ÷ [ ] = [ ] (L)

답 [ ] L

바른답 • 알찬풀이 03쪽

2 한 봉지에 $1\frac{2}{3}$ kg씩 들어 있는 밀가루가 6봉지 있습니다. 이 밀가루를 모두 사용하여 똑같은 크기의 식빵을 5개 만들었다면 식빵 한 개를 만드는 데 사용한 밀가루는 몇 kg입니까?

문제 분석

구하려는 것에 밑줄을 긋고 주어진 조건을 정리해 보시오.

• 한 봉지에 들어 있는 밀가루의 무게: ☐ kg

• 밀가루의 봉지 수: ☐ 봉지

• 만든 식빵 수: ☐ 개

해결 전략

• 전체 밀가루 무게를 그림으로 나타낸 다음, 밀가루 한 봉지를 각각 ☐ 등분해 봅니다.

풀이

❶ 식빵 한 개를 만드는 데 사용한 밀가루의 무게를 그림으로 나타내기

밀가루 한 봉지 →

← 식빵 한 개를 만드는 데 사용한 밀가루의 무게만큼 빗금 쳐 보시오.

❷ 식빵 한 개를 만드는 데 사용한 밀가루는 몇 kg인지 구하기

(한 봉지에 들어 있는 밀가루 무게) × (봉지 수) ÷ (만든 식빵 수)

$= \boxed{} \times \boxed{} \div \boxed{} = \dfrac{\boxed{}}{3} \times \boxed{} \times \dfrac{1}{\boxed{}} = \boxed{}$ (kg)

답 ☐ kg

그림을 그려 해결하기

1 오른쪽 정사각형의 넓이가 $7\frac{1}{5}$ cm^{2}일 때 색칠한 부분의 넓이는 몇 cm^{2}인지 기약분수로 나타내시오.

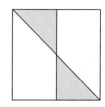

❶ 정사각형을 8등분하기

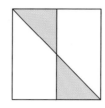

❷ 색칠한 부분의 넓이는 몇 cm^{2}인지 구하기

2 전체 넓이가 $15\frac{1}{3}$ m^{2}인 꽃밭이 있습니다. 이 꽃밭을 5등분하여 그중 세 부분에 채송화를 심고 남은 꽃밭을 4등분하여 그중 한 부분에 장미를 심었습니다. 아무것도 심지 않은 부분의 넓이는 몇 m^{2}입니까?

❶ 장미를 심은 부분을 그림으로 나타내기

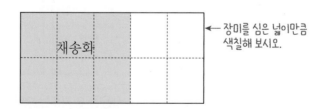

채송화

← 장미를 심은 넓이만큼 색칠해 보시오.

❷ 아무것도 심지 않은 부분의 넓이는 몇 m^{2}인지 구하기

3 윤재네 집에서 한 병에 1.4 L씩 들어 있는 올리브유 4병을 일주일 동안 모두 사용했습니다. 매일 같은 양을 사용했다면 하루에 사용한 올리브유는 몇 L입니까?

1 하루에 사용한 올리브유의 양을 그림으로 나타내기

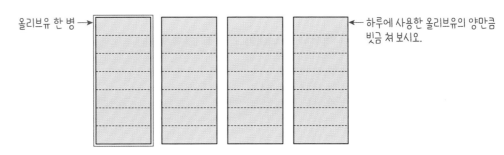

올리브유 한 병 →

← 하루에 사용한 올리브유의 양만큼 빗금 쳐 보시오.

2 하루에 사용한 올리브유는 몇 L인지 구하기

4 각각 일정한 빠르기로 40분 동안 55.6 km를 가는 버스와 25분 동안 23.5 km를 가는 승용차가 있습니다. 이 버스와 승용차가 같은 지점에서 서로 반대 방향으로 동시에 출발한다면 1분 후 버스와 승용차 사이의 거리는 몇 km입니까?

1 버스와 승용차가 1분 동안 가는 거리는 각각 몇 km인지 구하기

2 서로 반대 방향으로 동시에 출발한 지 1분 후 버스와 승용차 사이의 거리는 몇 km인지 구하기

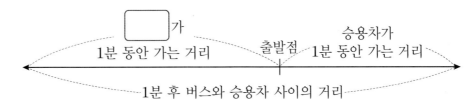

버스가 1분 동안 가는 거리 출발점 승용차가 1분 동안 가는 거리

1분 후 버스와 승용차 사이의 거리

(1분 후 버스와 승용차 사이의 거리)

= (버스가 1분 동안 가는 거리) + (승용차가 1분 동안 가는 거리)

= ☐ + ☐ = ☐ (km)

그림을 그려 해결하기

5 시헌이가 오른쪽 직사각형을 그린 다음 가로를 몇 cm만큼 늘이고, 세로를 3.12 cm만큼 줄여서 새로운 직사각형을 그렸습니다. 처음 직사각형과 새로 그린 직사각형의 넓이가 같다면 가로는 몇 cm만큼 늘여서 그렸습니까?

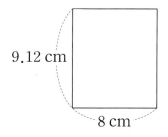

❶ 두 직사각형을 겹쳤을 때 넓이가 같은 두 부분 찾기

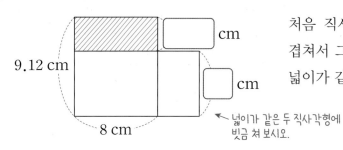

처음 직사각형과 새로 그린 직사각형을 겹쳐서 그려 보면 빗금 친 두 직사각형의 넓이가 같습니다.

↖ 넓이가 같은 두 직사각형에 빗금 쳐 보시오.

❷ 가로는 몇 cm만큼 늘여서 그렸는지 구하기

6 1분에 2660 m씩 일정한 빠르기로 가는 기차가 길이가 420 m인 터널을 통과합니다. 기차의 길이가 112 m라면 기차가 터널을 완전히 통과하는 데 걸리는 시간은 몇 초입니까?

❶ 기차가 터널을 완전히 통과하는 거리는 몇 m인지 구하기

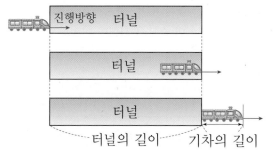

터널의 길이   기차의 길이

(기차가 터널을 완전히 통과하는 거리)

= (터널의 길이) + (⬚ 의 길이)

= ⬚ + ⬚ = ⬚ (m)

❷ 기차가 터널을 완전히 통과하는 데 걸리는 시간은 몇 초인지 구하기

바른답 • 알찬풀이 04쪽

7 예은이가 길이가 85.6 cm인 리본을 4등분한 후 그중 한 도막을 다시 2등분하였습니다. 가장 짧은 리본 도막의 길이는 몇 cm입니까?

8 오른쪽 정삼각형을 크기가 같은 정삼각형 4개로 나누었습니다. 나누어 만든 작은 정삼각형 한 개의 둘레는 몇 cm입니까?

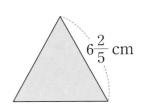

$6\frac{2}{5}$ cm

9 아린이와 주호가 원 모양 연못 둘레의 한 지점에서 동시에 출발하여 서로 반대 방향으로 연못 둘레를 따라 달렸습니다. 연못의 둘레는 5 km이고 아린이는 1분 동안 0.34 km를 달립니다. 두 사람이 출발한 지 8분 뒤에 처음으로 다시 만났다면 주호가 1분 동안 달린 거리는 몇 km입니까? (단, 두 사람은 각자 일정한 빠르기로 움직입니다.)

거꾸로 풀어 해결하기

1 어떤 수를 4로 나누고 7을 곱했더니 $8\frac{1}{6}$이 되었습니다. 어떤 수를 5로 나눈 몫은 얼마입니까?

문제 분석

구하려는 것에 밑줄을 긋고 주어진 조건을 정리해 보시오.

• 어떤 수를 $\boxed{}$로 나누고 $\boxed{}$을 곱했더니 $8\frac{1}{6}$이 되었습니다.

해결 전략

• 어떤 수를 ■라 하여 식을 만든 후 거꾸로 생각하여 ■의 값을 구합니다.

• 계산 과정을 거꾸로 생각할 때 곱셈은 (덧셈 , 뺄셈 , 곱셈 , 나눗셈)으로,

나눗셈은 (덧셈 , 뺄셈 , 곱셈 , 나눗셈)으로 바꾸어 계산합니다.

풀이

1 어떤 수를 ■라 하여 주어진 식 만들기

$$■ \div \boxed{} \times \boxed{} = 8\frac{1}{6}$$

2 어떤 수 구하기

위의 계산 과정을 거꾸로 생각하여 계산해 봅니다.

$$8\frac{1}{6} \div \boxed{} \times \boxed{} = ■ 이므로 \ ■ = \frac{\boxed{}}{6} \times \frac{1}{\boxed{}} \times \boxed{} = \boxed{}$$

3 어떤 수를 5로 나눈 몫 구하기

어떤 수는 $\boxed{}$이므로

어떤 수를 5로 나눈 몫은 $\boxed{} \div 5 = \frac{\boxed{}}{3} \times \frac{1}{\boxed{}} = \boxed{}$ 입니다.

답 $\boxed{}$

2

오른쪽은 넓이가 36.3 cm²인 삼각형입니다. 밑변의 길이가 12 cm일 때 이 삼각형의 높이는 몇 cm입니까?

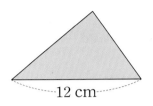

12 cm

문제 분석

구하려는 것에 밑줄을 긋고 주어진 조건을 정리해 보시오.

• 삼각형의 넓이: ☐ cm²

• 삼각형의 밑변의 길이: 12 cm

해결 전략

삼각형의 높이를 ★ cm라 하여 삼각형의 넓이를 구하는 식을 만든 후 거꾸로 생각하여 ★의 값을 구합니다.

풀이

❶ 삼각형의 넓이를 구하는 식 만들기

(삼각형의 넓이)=(밑변의 길이)×(높이)÷2이므로

삼각형의 높이를 ★ cm라 하면

(삼각형의 넓이)=12×★÷☐=☐ (cm²)입니다.

❷ 삼각형의 높이는 몇 cm인지 구하기

위의 계산 과정을 거꾸로 생각하여 계산해 봅니다.

☐×☐÷12=★이므로 ★=☐÷12=☐

따라서 삼각형의 높이는 ☐ cm입니다.

답

☐ cm

거꾸로 풀어 해결하기

1 어떤 수를 16으로 나누어야 할 것을 잘못하여 어떤 수에 16을 곱했더니 99.84가 되었습니다. 바르게 계산한 몫을 구하시오.

❶ 어떤 수를 □라 하여 잘못 계산한 곱셈식 만들기

❷ 어떤 수 구하기

❸ 바르게 계산한 몫 구하기

2 ㉠에 알맞은 수를 기약분수로 나타내시오.

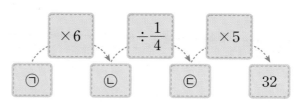

❶ ㉢에 알맞은 기약분수 구하기

❷ ㉡에 알맞은 기약분수 구하기

❸ ㉠에 알맞은 기약분수 구하기

바른답 • 알찬풀이 05쪽

3 오른쪽 사다리꼴의 넓이는 $30\frac{4}{5}$ cm²입니다. 이 사다리꼴의 높이는 몇 cm인지 기약분수로 나타내시오.

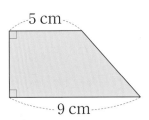

5 cm

9 cm

❶ 사다리꼴의 높이를 ▢ cm라 하여 사다리꼴의 넓이를 구하는 식 만들기

❷ 사다리꼴의 높이는 몇 cm인지 구하기

4 해준이가 양초에 불을 붙인 지 8분 후 양초의 길이를 재어 보니 19 cm였습니다. 불을 붙이기 전 양초의 길이가 25 cm였다면 이 양초가 1분 동안 타는 길이는 몇 cm인지 소수로 나타내시오. (단, 양초가 1분 동안 타는 길이는 일정합니다.)

❶ 양초가 8분 동안 타는 길이는 몇 cm인지 구하기

❷ 양초가 1분 동안 타는 길이는 몇 cm인지 구하기

거꾸로 풀어 해결하기

5 ㉮와 ㉯가 다음과 같을 때 ㉮×㉯÷2의 값을 기약분수로 나타내시오.

$$㉮×6=15\frac{3}{5} \qquad 9×㉯=4\frac{2}{7}$$

❶ ㉮의 값 구하기

❷ ㉯의 값 구하기

❸ ㉮×㉯÷2의 값 구하기

6 한 대의 무게가 각각 같은 노트북 5대와 휴대전화 25대의 무게의 합이 $17\frac{1}{2}$ kg입니다. 노트북 한 대의 무게가 $2\frac{2}{3}$ kg일 때 휴대전화 한 대의 무게는 몇 kg인지 기약분수로 나타내시오.

❶ 노트북 5대의 무게는 몇 kg인지 구하기

❷ 휴대전화 25대의 무게는 몇 kg인지 구하기

❸ 휴대전화 한 대의 무게는 몇 kg인지 구하기

7 어떤 수에 8을 곱했더니 98이 되었습니다. 어떤 수를 5로 나눈 몫을 소수로 나타내시오.

8 오른쪽은 평행사변형과 직각삼각형을 붙여 만든 도형입니다. 평행사변형의 넓이가 64.4 cm²일 때 직각삼각형의 넓이는 몇 cm²입니까?

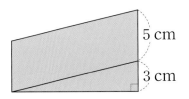

5 cm

3 cm

9 한 통을 사용하여 넓이 $9\frac{1}{6}$ m²만큼을 칠할 수 있는 페인트가 두 통 있습니다. 수혁이가 이 페인트 두 통을 모두 사용하여 오른쪽과 같은 직사각형 모양 벽면을 모두 칠했습니다. 칠한 벽면의 세로는 몇 m입니까?

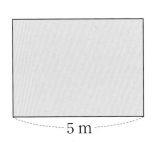

5 m

조건을 따져 해결하기

1 1부터 9까지의 자연수 중에서 ■에 알맞은 수는 모두 몇 개입니까?

$$15.1 \div 5 < 3.0■ < 27.63 \div 9$$

문제 분석 구하려는 것에 밑줄을 긋고 주어진 조건을 정리해 보시오.

• 3.0■는 15.1÷5의 몫보다 (크고 , 작고) 27.63÷9의 몫보다 (큰 , 작은) 소수 두 자리 수입니다.

• 1부터 9까지의 자연수 중 조건을 만족하는 수를 모두 찾습니다.

해결 전략 주어진 나눗셈식의 몫을 각각 구한 후 소수의 크기를 비교하여 ■에 알맞은 수를 찾습니다.

풀이

❶ 주어진 나눗셈식의 몫 구하기

$15.1 \div 5 = \boxed{}$

$27.63 \div 9 = \boxed{}$

❷ ■에 알맞은 수는 모두 몇 개인지 구하기

$15.1 \div 5 < 3.0■ < 27.63 \div 9$ ➡ $\boxed{} < 3.0■ < \boxed{}$

1부터 9까지의 자연수 중에서 ■에 알맞은 수를 찾아 ○표 하면

(1 , 2 , 3 , 4 , 5 , 6 , 7 , 8 , 9)입니다.

따라서 ■에 알맞은 수는 모두 $\boxed{}$개입니다.

답 $\boxed{}$개

2 다음 계산 결과가 자연수일 때 ■에 들어갈 수 있는 수 중 가장 작은 자연수를 구하시오.

$$4\frac{1}{8} \div 11 \times \blacksquare$$

문제 분석

구하려는 것에 밑줄을 긋고 주어진 조건을 정리해 보시오.

- $4\frac{1}{8} \div 11 \times \blacksquare$의 계산 결과가 자연수입니다.

해결 전략

- 분수의 나눗셈을 곱셈으로 바꾸어 주어진 식을 간단하게 정리해 봅니다.
- ■에는 $4\frac{1}{8} \div 11$의 계산 결과와 약분되어 분모를 $\boxed{}$로 만드는 자연수가 들어가야 합니다.

풀이

❶ 주어진 식을 간단하게 정리하기

$$4\frac{1}{8} \div 11 \times \blacksquare = \frac{33}{8} \times \boxed{} \times \blacksquare = \boxed{} \times \blacksquare$$

❷ ■에 들어갈 수 있는 수 중 가장 작은 자연수 구하기

$\boxed{} \times \blacksquare$가 자연수가 되려면 ■에 $\boxed{}$의 배수가 들어가야 합니다.

따라서 ■에 들어갈 수 있는 수 중 가장 작은 자연수는 $\boxed{}$의 배수 중에서 가장 작은 수인 $\boxed{}$입니다.

답

$\boxed{}$

조건을 따져 해결하기

1 4장의 수 카드를 한 번씩 모두 사용하여 다음 나눗셈식을 만들려고 합니다. 만든 나눗셈식의 가장 큰 몫을 구하시오.

$$\boxed{2} \quad \boxed{5} \quad \boxed{7} \quad \boxed{8} \quad \Rightarrow \quad \boxed{}\boxed{}.\boxed{} \div \boxed{}$$

❶ 몫이 가장 크게 되도록 나누어지는 수와 나누는 수 만들기

❷ 나눗셈식의 가장 큰 몫 구하기

2 □ 안에 들어갈 수 있는 자연수는 모두 몇 개입니까?

$$8\frac{2}{5} \div 6 < \boxed{} < 10\frac{2}{7} \div 2$$

❶ $8\dfrac{2}{5} \div 6$의 몫 구하기

❷ $10\dfrac{2}{7} \div 2$의 몫 구하기

❸ □ 안에 들어갈 수 있는 자연수는 모두 몇 개인지 구하기

바른답 • 알찬풀이 07쪽

3 다음 계산 결과가 자연수일 때 □ 안에 들어갈 수 있는 수 중 가장 작은 수를 구하시오.

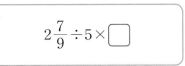

$$2\frac{7}{9} \div 5 \times \square$$

❶ 주어진 식을 간단하게 정리하기

❷ □ 안에 들어갈 수 있는 수 중 가장 작은 수 구하기

4 4장의 수 카드를 모두 한 번씩 사용하여 다음 나눗셈식을 만들려고 합니다. 만든 나눗셈식의 가장 작은 몫을 구하시오.

❶ 몫이 가장 작게 되도록 나누어지는 수와 나누는 수 만들기

❷ 나눗셈식의 가장 작은 몫 구하기

조건을 따져 해결하기

5 수직선에서 ㉠이 나타내는 수를 구하시오.

$1\dfrac{3}{5}$ ㉠ $5\dfrac{1}{5}$

❶ 수직선에서 눈금 한 칸의 크기 구하기

❷ ㉠이 나타내는 수 구하기

6 5장의 수 카드 중 두 장을 뽑아 ●와 ▲에 각각 넣어 계산 결과가 가장 크게 되는 식을 만들려고 합니다. 만든 식의 계산 결과를 구하시오.

$$\boxed{5} \quad \boxed{6} \quad \boxed{2} \quad \boxed{3} \quad \boxed{4} \quad \Rightarrow \quad 1\dfrac{3}{7} \div ● \times ▲$$

❶ ●와 ▲에 알맞은 수 각각 구하기

❷ 가장 큰 계산 결과 구하기

7 4장의 수 카드 중 3장을 뽑아 한 번씩 사용하여 다음 나눗셈식을 만들려고 합니다. 만든 나눗셈식의 가장 작은 몫을 구하시오.

$$\boxed{7}\quad\boxed{8}\quad\boxed{3}\quad\boxed{4}\ \Rightarrow\ \boxed{}.\boxed{}\div\boxed{}$$

8 가$=6\dfrac{2}{5}$, 나$=4$일 때 다음을 계산한 값을 기약분수로 나타내시오.

$$\dfrac{가}{나}\div 나$$

9 수직선에서 ㉠이 나타내는 수를 구하시오.

$5\dfrac{2}{7}$ 　　　　　 ㉠ 　　　　　 $8\dfrac{6}{7}$

단순화하여 해결하기

1

수목원에서 길이가 45 m인 산책로의 한쪽에 같은 간격으로 나무를 37그루 심었습니다. 산책로의 시작과 끝에도 나무를 심는다면 나무와 나무 사이의 거리는 몇 m인지 소수로 나타내시오. (단, 나무의 굵기는 생각하지 않습니다.)

문제 분석

구하려는 것에 밑줄을 긋고 주어진 조건을 정리해 보시오.

• 산책로의 길이: ☐ m

• 심은 나무 수: ☐ 그루

해결 전략

나무와 나무 사이의 거리는 심은 나무 수에 따라 달라지므로 심은 나무 수가 3그루, 4그루일 경우를 알아본 후 단순화하여 문제를 해결합니다.

풀이

❶ 나무를 37그루 심었을 때 나무와 나무 사이의 간격 수 알아보기

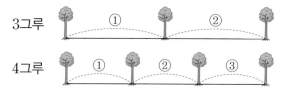

3그루

4그루

나무를 3그루 심으면 나무와 나무 사이의 간격은 3−1=☐(군데) 생기고,

나무를 4그루 심으면 나무와 나무 사이의 간격은 4−1=☐(군데) 생깁니다.

➡ 나무를 37그루 심으면 나무와 나무 사이의 간격은 37−1=☐(군데) 생깁니다.

❷ 나무를 37그루 심었을 때 나무와 나무 사이의 거리는 몇 m인지 구하기

(나무와 나무 사이의 거리)=(산책로의 길이)÷(나무와 나무 사이의 간격 수)

= ☐ ÷ ☐ = ☐ (m)

답 ☐ m

바른답·알찬풀이 09쪽

2 어떤 일을 아라가 혼자서 하면 6일이 걸리고, 민우가 혼자서 하면 12일이 걸립니다. 이 일을 아라와 민우가 함께 하면 일을 모두 마치는 데 며칠이 걸립니까? (단, 한 사람이 하루 동안 하는 일의 양은 각각 일정합니다.)

문제 분석

구하려는 것에 밑줄을 긋고 주어진 조건을 정리해 보시오.

- 아라가 일을 혼자서 하는 데 걸리는 날수: ☐ 일

- 민우가 일을 혼자서 하는 데 걸리는 날수: ☐ 일

해결 전략

- 전체 일의 양을 1로 생각합니다.

- 혼자서 1만큼의 일을 하는 데 ■일이 걸린다면

  (혼자서 하루 동안 하는 일의 양)$=1\div\blacksquare=\dfrac{1}{\blacksquare}$입니다.

풀이

❶ 두 사람이 각각 하루 동안 하는 일의 양을 분수로 나타내기

(아라가 하루 동안 하는 일의 양)$=1\div$ ☐ $=$ ☐

(민우가 하루 동안 하는 일의 양)$=1\div$ ☐ $=$ ☐

❷ 두 사람이 함께 하루 동안 하는 일의 양을 기약분수로 나타내기

(아라가 하루 동안 하는 일의 양)＋(민우가 하루 동안 하는 일의 양)

$=$ ☐ $+$ ☐ $=$ ☐

❸ 두 사람이 함께 일을 하면 며칠이 걸리는지 구하기

두 사람이 함께 일을 하면 하루 동안 전체 일의 ☐ 을 할 수 있으므로

일을 모두 마치는 데 ☐ 일이 걸립니다.

답 ☐ 일

단순화 하여 해결하기

1 길이가 88.2 m인 밧줄을 13번 잘라서 같은 길이의 도막 여러 개로 나누었습니다. 잘라 만든 밧줄 한 도막의 길이는 몇 m입니까?

❶ 밧줄을 13번 자를 때 밧줄이 몇 도막이 되는지 알아보기

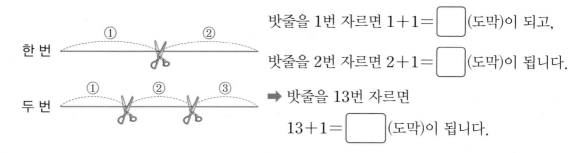

한 번

두 번

밧줄을 1번 자르면 1+1=☐(도막)이 되고,

밧줄을 2번 자르면 2+1=☐(도막)이 됩니다.

➡ 밧줄을 13번 자르면

13+1=☐(도막)이 됩니다.

❷ 잘라 만든 밧줄 한 도막의 길이는 몇 m인지 구하기

2 길이가 $4\frac{4}{5}$ km인 도로의 한쪽에 일정한 간격으로 교통 표지판 9개를 설치하려고 합니다. 도로의 시작과 끝에도 표지판을 설치한다면 표지판과 표지판 사이의 거리는 몇 km로 해야 하는지 기약분수로 나타내시오. (단, 표지판의 굵기는 생각하지 않습니다.)

❶ 표지판 9개를 설치했을 때 표지판과 표지판 사이의 간격 수 알아보기

❷ 표지판 9개를 설치했을 때 표지판과 표지판 사이의 거리는 몇 km인지 구하기

바른답·알찬풀이 09쪽

3 일주일 동안 8.4분씩 늦게 가는 시계가 있습니다. 이 시계가 일정한 빠르기로 늦게 간다면 10일 동안에는 몇 분 늦게 갑니까?

❶ 시계가 하루 동안 몇 분씩 늦게 가는지 구하기

❷ 시계가 10일 동안 몇 분 늦게 가는지 구하기

4 길이가 같은 리본 3도막을 1.5 cm씩 겹치게 한 줄로 이어 붙였습니다. 이어 붙여 만든 리본의 전체 길이가 81.6 cm일 때 리본 한 도막의 길이는 몇 cm입니까?

❶ 리본 3도막을 이어 붙일 때 겹치는 부분의 길이의 합은 몇 cm인지 구하기

❷ 리본 3도막의 길이의 합은 몇 cm인지 구하기

❸ 리본 한 도막의 길이는 몇 cm인지 구하기

단순화 하여 해결하기

5 어떤 일을 시율이가 혼자서 하면 6일이 걸리고, 채희가 혼자서 하면 3일이 걸립니다. 이 일을 시율이와 채희가 함께 하면 일을 모두 마치는 데 며칠이 걸립니까? (단, 한 사람이 하루 동안 하는 일의 양은 각각 일정합니다.)

❶ 두 사람이 각각 하루 동안 하는 일의 양을 분수로 나타내기

❷ 두 사람이 함께 하루 동안 하는 일의 양을 기약분수로 나타내기

❸ 두 사람이 함께 일을 하면 며칠이 걸리는지 구하기

6 둘레가 6 km인 원 모양의 호수 둘레에 24개의 깃발을 같은 간격으로 설치하려고 합니다. 깃발과 깃발 사이의 거리는 몇 km로 해야 하는지 소수로 나타내시오. (단, 깃발의 굵기는 생각하지 않습니다.)

❶ 깃발을 24개 설치했을 때 깃발과 깃발 사이의 간격 수 알아보기

❷ 깃발을 24개 설치했을 때 깃발과 깃발 사이의 거리는 몇 km인지 구하기

7 길이가 같은 색 테이프 17장을 $1\frac{3}{8}$ cm씩 겹치게 한 줄로 이어 붙였습니다. 이어 붙여 만든 색 테이프의 전체 길이가 41 cm일 때 색 테이프 한 장의 길이는 몇 cm인지 기약분수로 나타내시오.

8 규리의 시계는 2주일 동안 24.5분씩 일정한 빠르기로 빨리 갑니다. 규리가 오늘 오전 10시에 이 시계의 시각을 정확하게 맞추었다면 내일 오전 10시에 이 시계는 몇 시 몇 분 몇 초를 가리키겠습니까?

9 빈 욕조에 물을 가득 채우는 데 가 수도는 2분이 걸리고, 나 수도는 4분이 걸립니다. 가 수도와 나 수도를 동시에 틀어 빈 욕조 3개에 물을 가득 채우는 데 걸리는 시간은 몇 분입니까? (단, 각 수도에서 나오는 물의 양은 각각 일정합니다.)

1 재중이는 양파 $5\frac{1}{5}$ kg을 6상자에 똑같이 나누어 담았습니다. 한 상자에 들어 있는 양파를 이틀 동안 똑같이 나누어 먹었다면 하루에 먹은 양파는 몇 kg인지 기약분수로 나타내시오.

그림을 그려 해결하기

2 다음은 정사각형을 8등분한 것입니다. 정사각형의 넓이가 $16\frac{2}{5}$ cm²일 때 색칠한 부분의 넓이는 몇 cm²인지 기약분수로 나타내시오.

식을 만들어 해결하기

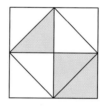

3 어떤 수를 6으로 나누어야 하는데 잘못하여 어떤 수에 6을 곱했더니 $1\frac{1}{8}$이 되었습니다. 바르게 계산한 값을 기약분수로 나타내시오.

거꾸로 풀어 해결하기

4 $2\frac{1}{3}$ L짜리 물통 5개에 물을 가득 받았습니다. 이 물을 일주일 동안 똑같이 나누어 마시려면 하루에 몇 L씩 마셔야 하는지 기약분수로 나타내시오.

5 넓이가 24.12 cm^{2}이고 한 대각선의 길이가 6 cm인 마름모가 있습니다. 이 마름모의 다른 대각선의 길이는 몇 cm입니까?

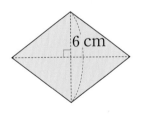

6 cm

6

식을 만들어 해결하기

유진이가 마라톤 대회에 참가하여 일정한 빠르기로 12 km를 달리는 데 1시간 15분이 걸렸습니다. 유진이가 1분 동안 달린 거리는 몇 km인지 소수로 나타내시오.

7

조건을 따져 해결하기

가◎나$=\dfrac{가-나}{나}$일 때 다음을 계산한 값을 기약분수로 나타내시오.

$$\dfrac{51}{5}\text{◎}6$$

8

단순화하여 해결하기

길이가 76.8 m인 도로의 양쪽에 같은 간격으로 가로등 10개를 설치하려고 합니다. 가로등을 도로의 시작과 끝에도 설치한다면 가로등과 가로등 사이의 거리는 몇 m로 해야 합니까? (단, 가로등의 굵기는 생각하지 않습니다.)

9 ■에 들어갈 수 있는 자연수 중에서 가장 큰 수와 가장 작은 수의 합을 구하시오.

$$5\frac{2}{5} \div 6 < \blacksquare < \frac{60}{7} \div 4 \times 2$$

10 민혁이의 손목시계는 하루에 30분씩 일정한 빠르기로 늦게 갑니다. 민혁이가 오전 11시에 손목시계의 시각을 정확하게 맞추었다면 4시간 후에 이 시계는 몇 시 몇 분을 가리키겠습니까?

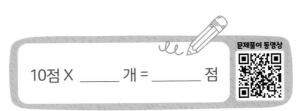

10점 X _____ 개 = _____ 점

문제풀이 동영상

1 굵기가 일정한 철근 4 m의 무게가 $12\frac{4}{5}$ kg입니다. 이 철근 7 m의 무게는 몇 kg인지 기약분수로 나타내시오.

2 넓이가 $24\frac{3}{4}$ m²인 밭이 있습니다. 이 밭의 $\frac{5}{11}$에는 무를 심고 나머지의 반에는 배추를 심었습니다. 배추를 심은 밭의 넓이는 몇 m²인지 기약분수로 나타내시오.

3 □ 안에 공통으로 들어갈 수 있는 자연수를 모두 구하시오.

$$32 \div 5 < \boxed{} < 82 \div 8$$
$$34.92 \div 6 < \boxed{} < 80.28 \div 9$$

바른답 • 알찬풀이 13쪽

4 3장의 수 카드를 모두 한 번씩 사용하여 다음 나눗셈식을 만들려고 합니다. 만든 나눗셈식의 가장 작은 몫을 구하시오.

5 무게가 같은 사과가 한 바구니에 7개씩 들어 있습니다. 이 사과 바구니 5개의 무게가 $9\frac{3}{4}$ kg이고, 빈 바구니 한 개의 무게가 0.2 kg일 때 사과 한 개의 무게는 몇 kg인지 기약분수로 나타내시오.

6 가, 나, 다 자동차 중 연료 1 L로 가장 멀리 갈 수 있는 자동차를 찾아 기호를 쓰시오.

자동차	연료의 양 (L)	갈 수 있는 거리 (km)
가	6	85.2
나	5	81.5
다	7	95.2

7 지구에서 잰 몸무게는 달에서 잰 몸무게의 6배입니다. 지구에서 잰 유리의 몸무게는 40.5 kg이고 동생의 몸무게는 28.8 kg입니다. 달에서 잰 두 사람의 몸무게 차는 몇 kg입니까?

8 다음과 같이 가로가 3.549 m인 게시판에 크기가 같은 그림 7장을 그림과 그림 사이 간격을 0.105 m로 두고 붙였습니다. 그림 한 장의 가로는 몇 m입니까?

0.105 m

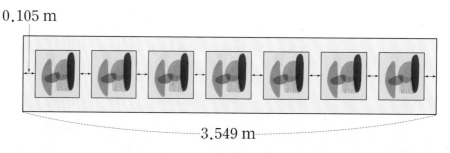

3.549 m

9 정사각형 모양의 화단이 있습니다. 이 화단을 가로는 1.6배로 늘이고, 세로는 2.5배로 늘였더니 화단의 넓이가 17.28 m²만큼 더 늘어났습니다. 처음 화단의 넓이는 몇 m²입니까?

10 어떤 일을 윤호와 소희가 함께 2일 동안 하면 전체의 $\dfrac{2}{3}$를 끝낼 수 있고 윤호가 혼자서 하면 4일 만에 모두 끝낼 수 있습니다. 이 일을 소희가 혼자서 하면 며칠 만에 끝낼 수 있습니까? (단, 한 사람이 하루 동안 하는 일의 양은 각각 일정합니다.)

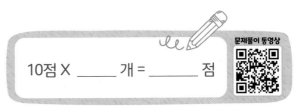

10점 X _____ 개 = _____ 점

문제풀이 동영상

2장 도형·측정

"학습 계획 세우기"

	익히기	적용하기	
식을 만들어 해결하기	☐ 52~53쪽 월 일	☐ 54~55쪽 월 일	☐ 56~57쪽 월 일
그림을 그려 해결하기	☐ 58~59쪽 월 일	☐ 60~61쪽 월 일	☐ 62~63쪽 월 일
조건을 따져 해결하기	☐ 64~65쪽 월 일	☐ 66~67쪽 월 일	☐ 68~69쪽 월 일
단순화하여 해결하기	☐ 70~71쪽 월 일	☐ 72~73쪽 월 일	☐ 74~75쪽 월 일

마무리 1회	마무리 2회
☐ 76~79쪽 월 일	☐ 80~83쪽 월 일

1 다음 각기둥의 이름을 쓰시오.

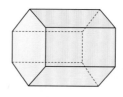

(   )

2 쌓기나무를 쌓아 두 직육면체를 만들었습니다. 둘 중 부피가 더 큰 것의 기호를 쓰시오.

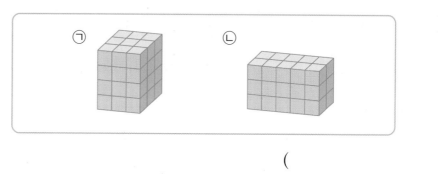

(   )

3 각기둥과 각뿔에 대한 설명으로 옳은 것에 ○표, 틀린 것에 ✕표 하시오.

• 각기둥은 밑면이 2개입니다. (   )

• 각기둥의 옆면은 밑면과 수직으로 만납니다. (   )

• 각뿔의 옆면은 직사각형입니다. (   )

4 다음 직육면체의 부피와 겉넓이를 각각 구하시오.

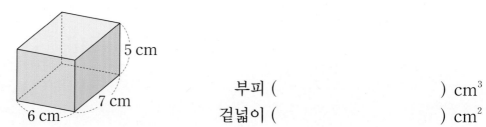

부피 (   ) cm³

겉넓이 (   ) cm²

5 다음 각뿔에 대한 설명으로 틀린 것을 찾아 기호를 쓰시오.

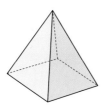

㉠ 밑면의 변의 수는 4개입니다.

㉡ 면의 수는 5개입니다.

㉢ 꼭짓점의 수는 8개입니다.

㉣ 모서리의 수는 8개입니다.

(   )

6 다음은 정육면체의 전개도입니다. 이 정육면체의 겉넓이는 몇 cm^2입니까?

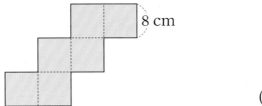

8 cm

(   )

7 다음 중 삼각기둥의 전개도가 될 수 없는 것을 찾아 기호를 쓰시오.

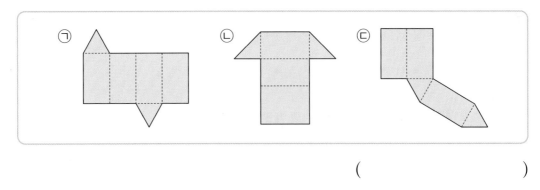

(   )

8 다음 정육면체의 부피를 각각 cm^3와 m^3로 나타내시오.

200 cm

200 cm

200 cm

(   ) cm^3

(   ) m^3

식을 만들어 해결하기

1

밑면의 모양이 ㉠과 같은 각기둥과 ㉡과 같은 각뿔이 있습니다. 둘 중 모서리가 더 많은 입체도형의 이름을 쓰시오.

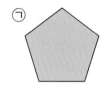 ㉠   ㉡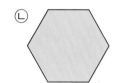

문제 분석

구하려는 것에 밑줄을 긋고 주어진 조건을 정리해 보시오.

• 주어진 각기둥의 한 밑면의 변의 수: ☐개

• 주어진 각뿔의 밑면의 변의 수: ☐개

해결 전략

• (■각기둥의 모서리의 수)=■×☐

• (■각뿔의 모서리의 수)=■×☐

풀이

❶ 주어진 각기둥의 모서리는 몇 개인지 구하기

주어진 각기둥은 한 밑면의 변의 수가 ☐개이므로 ┌── 각기둥의 이름을 쓰시오.
☐입니다.

(각기둥의 모서리의 수)=(한 밑면의 변의 수)×☐=☐×☐=☐(개)

❷ 주어진 각뿔의 모서리는 몇 개인지 구하기

주어진 각뿔은 밑면의 변의 수가 ☐개이므로 ┌── 각뿔의 이름을 쓰시오.
☐입니다.

(각뿔의 모서리의 수)=(밑면의 변의 수)×☐=☐×☐=☐(개)

❸ 둘 중 모서리가 더 많은 것의 이름 쓰기

모서리의 수를 비교해 보면 ☐개>☐개이므로

둘 중 모서리가 더 많은 것은 ☐입니다.

답

☐

바른답 •알찬풀이 **15**쪽

2 오른쪽은 밑면의 모양이 정사각형이고, 부피가 175 cm³인 직육면체입니다. ㉠의 길이는 몇 cm입니까?

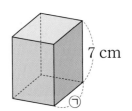

7 cm

㉠

문제 분석 구하려는 것에 **밑줄을 긋고** 주어진 조건을 정리해 보시오.

• 직육면체의 밑면의 모양: ☐

• 직육면체의 부피: ☐ cm³

• 직육면체의 높이: ☐ cm

해결 전략 • (직육면체의 부피)＝(한 밑면의 넓이)×(☐)

• 직육면체의 부피를 구하는 식을 만들어 한 밑면의 넓이를 구한 다음 밑면의 한 변의 길이를 구합니다.

풀이 ❶ 직육면체의 한 밑면의 넓이는 몇 cm²인지 구하기

(직육면체의 부피)＝(한 밑면의 넓이)×(☐)이므로

(한 밑면의 넓이)＝(직육면체의 부피)÷(☐)

＝ ☐ ÷ ☐ ＝ ☐ (cm²)입니다.

❷ ㉠의 길이는 몇 cm인지 구하기

주어진 직육면체는 밑면의 모양이 정사각형이므로

(한 밑면의 넓이)＝㉠×㉠＝ ☐ (cm²), ㉠＝ ☐ (cm)입니다.

답 ☐ cm

식을 만들어 해결하기

1 꼭짓점이 18개인 각기둥이 있습니다. 이 각기둥의 면은 몇 개입니까?

❶ 각기둥의 이름 알아보기

❷ 각기둥의 면은 몇 개인지 구하기

2 오른쪽 직육면체의 부피는 270 cm³입니다. 빗금 친 두 면이 밑면일 때 이 직육면체의 높이는 몇 cm입니까?

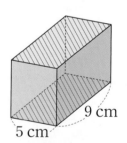

9 cm
5 cm

❶ 직육면체의 한 밑면의 넓이는 몇 cm²인지 구하기

❷ 직육면체의 높이는 몇 cm인지 구하기

바른답 • 알찬풀이 15쪽

3 밑면의 모양이 오른쪽과 같은 각기둥이 있습니다. 이 각기둥과 꼭짓점의 수가 같은 각뿔의 이름을 쓰시오.

❶ 각기둥의 꼭짓점은 몇 개인지 구하기

❷ 주어진 각기둥과 꼭짓점의 수가 같은 각뿔의 이름 쓰기

4 직육면체 가와 나의 부피가 같을 때 ☐ 안에 알맞은 수를 구하시오.

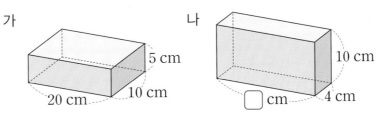

가

나

5 cm

20 cm

10 cm

10 cm

☐ cm

4 cm

❶ 직육면체 가의 부피는 몇 cm³인지 구하기

❷ ☐ 안에 알맞은 수 구하기

식을 만들어 해결하기

5 오른쪽은 밑면이 정오각형인 각기둥입니다. 이 각기둥의 모든 모서리 길이의 합은 몇 cm입니까?

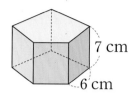

① 길이가 6 cm인 모서리는 모두 몇 개인지 알아보기

② 길이가 7 cm인 모서리는 모두 몇 개인지 알아보기

③ 각기둥의 모든 모서리 길이의 합은 몇 cm인지 구하기

6 오른쪽 정육면체의 겉넓이가 96 cm^2일 때 이 정육면체의 부피는 몇 cm^3입니까?

① 정육면체의 한 모서리의 길이는 몇 cm인지 구하기

② 정육면체의 부피는 몇 cm^3인지 구하기

바른답·알찬풀이 16쪽

7 직육면체 모양 상자 가와 정육면체 모양 상자 나가 있습니다. 가의 부피는 나의 부피의 몇 배입니까?

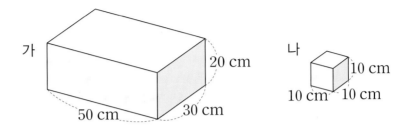

8 오른쪽은 밑면이 정사각형이고 옆면이 서로 합동인 각뿔입니다. 이 각뿔의 모든 모서리 길이의 합이 56 cm일 때 ☐ 안에 알맞은 수를 구하시오.

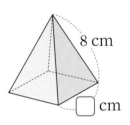

9 오른쪽 직육면체의 부피가 560 cm³일 때 이 직육면체의 겉넓이는 몇 cm²입니까?

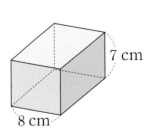

그림을 그려 해결하기

1 옆면의 모양이 모두 오른쪽과 같고, 옆면이 5개인 각뿔이 있습니다. 이 각뿔의 모든 모서리 길이의 합은 몇 cm입니까?

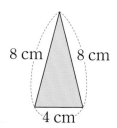

8 cm   8 cm

4 cm

문제 분석   구하려는 것에 밑줄을 긋고 주어진 조건을 정리해 보시오.

• 주어진 각뿔의 옆면은 세 변의 길이가 각각 8 cm, 8 cm, ☐ cm인 삼각형이고, 옆면은 모두 ☐개입니다.

해결 전략

• 각뿔의 밑면과 옆면의 모양을 이용하여 주어진 각뿔을 그려 봅니다.

• 밑면의 변의 수가 ■개인 각뿔은 옆면이 ■개입니다.

• 각뿔의 각 모서리의 길이를 알아보고 모든 모서리 길이의 합을 구합니다.

풀이

❶ 주어진 각뿔 그려 보기

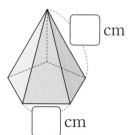

☐ cm

☐ cm

주어진 각뿔은 옆면이 ☐개이므로

밑면의 변의 수도 ☐개입니다.

밑면의 모양이 (삼각형 , 사각형 , 오각형)이므로

주어진 각뿔은 (삼각뿔 , 사각뿔 , 오각뿔)입니다.

❷ 각뿔의 모든 모서리 길이의 합은 몇 cm인지 구하기

각뿔에서 길이가 4 cm인 모서리는 ☐개이고,

길이가 8 cm인 모서리는 ☐개입니다.

(각뿔의 모든 모서리의 길이의 합) $= (4 \times$ ☐ $) + (8 \times$ ☐ $)$

$=$ ☐ $+$ ☐ $=$ ☐ (cm)

답   ☐ cm

바른답·알찬풀이 17쪽

2 오른쪽은 직육면체의 전개도의 일부분입니다. 전개도를 완성하고 이 직육면체의 겉넓이는 몇 cm²인지 구하시오.

1 cm
1 cm

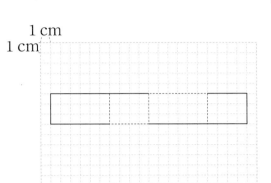

문제 분석 구하려는 것에 밑줄을 긋고 주어진 조건을 정리해 보시오.

• 직육면체의 면 6개 중 ☐ 개의 면이 그려져 있습니다.

해결 전략 • 전개도를 접었을 때 맞닿는 면을 생각하여 모서리의 길이를 알맞게 그립니다.

• 직육면체에서 마주 보는 세 쌍의 면이 서로 합동이므로 직육면체의 겉넓이는 한 꼭짓점에서 만나는 세 면의 넓이의 합의 ☐ 배입니다.

풀이 ❶ 전개도 완성하기

1 cm
1 cm

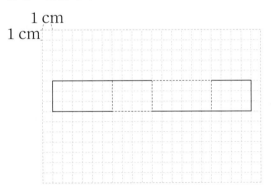

한 꼭짓점에서 만나는
세 모서리의 길이가 각각
6 cm, 3 cm, ☐ cm인
직육면체의 전개도입니다.

❷ 직육면체의 겉넓이는 몇 cm²인지 구하기

(직육면체의 겉넓이)=(한 꼭짓점에서 만나는 세 면의 넓이의 합)×2

$$=(6×3+3×\boxed{}+4×\boxed{})×2$$

$$=(\boxed{}+\boxed{}+\boxed{})×2=\boxed{} \ (cm^2)$$

답 ☐ cm²

그림을 그려 해결하기

1 옆면의 모양이 모두 오른쪽과 같은 정사각형이고, 옆면이 6개인 각기둥이 있습니다. 이 각기둥의 모든 모서리 길이의 합은 몇 cm입니까?

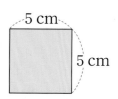

❶ 주어진 각기둥 그려 보기

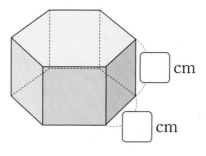

❷ 각기둥의 모든 모서리 길이의 합은 몇 cm인지 구하기

2 다음 전개도를 접어서 만들 수 있는 입체도형의 부피는 몇 cm³입니까?

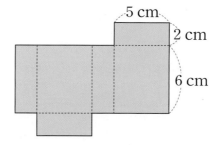

❶ 전개도를 접어 만들 수 있는 입체도형 그려 보기

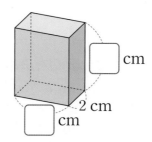

❷ 입체도형의 부피는 몇 cm³인지 구하기

바른답 · 알찬풀이 17쪽

3 다음은 직육면체의 전개도의 일부분입니다. 전개도를 완성하고 이 직육면체의 부피는 몇 cm³인지 구하시오.

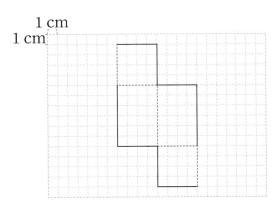

❶ 직육면체의 전개도를 완성하고 한 꼭짓점에서 만나는 세 모서리의 길이 알아보기

❷ 직육면체의 부피는 몇 cm³인지 구하기

4 다음은 직육면체를 위와 앞에서 본 모양입니다. 직육면체의 겉넓이는 몇 cm²입니까?

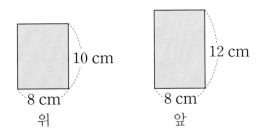

❶ 주어진 직육면체 그려 보기

❷ 주어진 직육면체의 겉넓이는 몇 cm²인지 구하기

그림을 그려 해결하기

5 오른쪽은 어느 각뿔의 밑면과 옆면의 모양입니다. 이 각뿔의 모든 모서리 길이의 합은 몇 cm 입니까? (단, 옆면은 모두 합동입니다.)

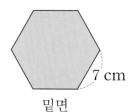
밑면

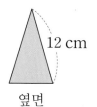
12 cm
옆면

❶ 주어진 각뿔 그려 보기

❷ 각뿔의 모든 모서리 길이의 합은 몇 cm인지 구하기

6 오른쪽 직육면체에서 색칠한 두 면이 밑면일 때 옆면의 넓이는 360 cm²입니다. 이 직육면체의 높이는 몇 cm입니까?

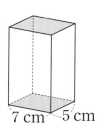
7 cm 5 cm

❶ 주어진 직육면체의 전개도 그려 보기

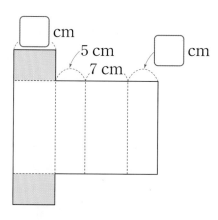
☐ cm
5 cm
7 cm
☐ cm

❷ 직육면체의 높이는 몇 cm인지 구하기

바른답 • 알찬풀이 18쪽

7 오른쪽 전개도를 접어서 만들 수 있는 각기둥의 모든 모서리 길이의 합은 몇 cm입니까?

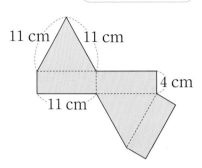

11 cm 11 cm
4 cm
11 cm

8 다음과 같이 밑면이 사다리꼴인 사각기둥의 세 면에 선분을 그었습니다. 사각기둥의 전개도를 완성하고 선분을 알맞게 그어 보시오.

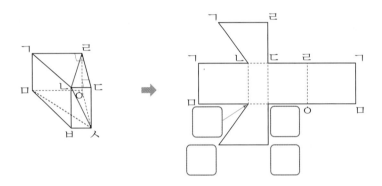

9 한 밑면의 넓이가 48 cm²이고, 한 밑면의 둘레가 28 cm인 직육면체가 있습니다. 이 직육면체의 높이가 13 cm일 때 직육면체의 겉넓이는 몇 cm²입니까?

조건을 따져 해결하기

1 다음 조건에 알맞은 입체도형의 꼭짓점은 몇 개입니까?

> • 옆면의 모양은 삼각형이고 서로 합동입니다.
> • 모서리는 24개입니다.
> • 옆면은 모두 한 점에서 만납니다.

문제 분석 　구하려는 것에 **밑줄을 긋고** 주어진 조건을 정리해 보시오.

• 옆면의 모양은 삼각형이고 서로 합동이며, 옆면은 모두 한 점에서 만납니다.

• 입체도형의 모서리의 수: ☐ 개

해결 전략

• 주어진 조건을 따져 어떤 입체도형인지 알아본 후 꼭짓점의 수를 구합니다.

• (■각뿔의 모서리의 수)＝■×☐

• (■각뿔의 꼭짓점의 수)＝■＋1

풀이

❶ **조건에 알맞은 입체도형 알아보기**

옆면의 모양이 삼각형이고 옆면이 모두 한 점에서 만나는 입체도형은

(각기둥 , 각뿔)입니다.

(각뿔의 모서리의 수)＝(밑면의 변의 수)×☐

➡ (밑면의 변의 수)＝(각뿔의 모서리의 수)÷☐ 이므로

(모서리가 24개인 각뿔의 밑면의 변의 수)＝24÷☐＝☐ (개)

❷ **조건에 알맞은 입체도형의 꼭짓점은 몇 개인지 구하기**

(각뿔의 꼭짓점의 수)＝(밑면의 변의 수)＋1＝☐＋1＝☐ (개)

답 ☐ 개

바른답 • 알찬풀이 19쪽

2

두 직육면체 가와 나가 있습니다. 둘 중 부피가 더 큰 것의 기호를 쓰시오.

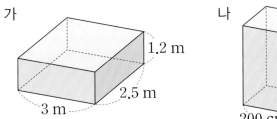

가
1.2 m
2.5 m
3 m

나
300 cm
200 cm   140 cm

문제 분석

구하려는 것에 밑줄을 긋고 주어진 조건을 정리해 보시오.

• 직육면체 가의 가로, 세로, 높이: 3 m, ☐ m, ☐ m

• 직육면체 나의 가로, 세로, 높이: 200 cm, ☐ cm, ☐ cm

해결 전략

• ☐ $cm^3 = 1 \, m^3$

• 두 직육면체의 부피가 각각 몇 m^3인지 구하여 부피를 비교해 봅니다.

풀이

❶ 직육면체 가의 부피는 몇 m^3인지 구하기

(직육면체 가의 부피) = (가로) × (세로) × (높이)

$= 3 × ☐ × ☐ = ☐ \, (m^3)$

❷ 직육면체 나의 부피는 몇 m^3인지 구하기

(직육면체 나의 부피) = (가로) × (세로) × (높이)

$= 200 × ☐ × ☐ = ☐ \, (cm^3)$

$= ☐ \, (m^3)$

❸ 부피가 더 큰 것의 기호 쓰기

두 직육면체의 부피를 비교해 보면 ☐ $m^3 >$ ☐ m^3이므로

직육면체 (가 , 나)의 부피가 더 큽니다.

답

☐

조건을 따져 해결하기

1 다음 조건에 알맞은 입체도형의 꼭짓점은 몇 개입니까?

> • 면은 모두 7개입니다.
> • 밑면과 옆면이 수직으로 만납니다.
> • 옆면의 모양은 직사각형이고 서로 합동입니다.

❶ 조건에 알맞은 입체도형 알아보기

❷ 조건에 알맞은 입체도형의 꼭짓점은 몇 개인지 구하기

2 오른쪽 직육면체 모양 상자 안에 부피가 8000 cm³인 정육면체 모양 블록을 빈틈없이 채우려고 합니다. 상자 안에 블록을 몇 개까지 넣을 수 있습니까? (단, 상자의 두께는 생각하지 않습니다.)

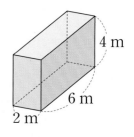

❶ 직육면체 모양 상자의 부피는 몇 cm³인지 구하기

❷ 상자 안에 정육면체 모양 블록을 몇 개까지 넣을 수 있는지 구하기

바른답·알찬풀이 19쪽

3 다음 중 부피가 큰 것부터 차례로 기호를 쓰시오.

> ㉠ 1500000 cm³   ㉡ 5 m³
> ㉢ 한 모서리의 길이가 1 m인 정육면체의 부피
> ㉣ 가로, 세로, 높이가 각각 50 cm, 100 cm, 100 cm인 직육면체의 부피

 부피를 m³로 바꾸어 나타내기

 부피가 가장 큰 것부터 차례로 기호를 쓰기

4 오른쪽 직육면체를 잘라서 만들 수 있는 가장 큰 정육면체 모양을 만들었습니다. 만든 정육면체의 겉넓이는 몇 cm²입니까?

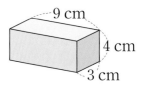

 만들 수 있는 가장 큰 정육면체의 한 모서리의 길이는 몇 cm인지 구하기

 만들 수 있는 가장 큰 정육면체의 겉넓이는 몇 cm²인지 구하기

조건을 따져 해결하기

5 옆면이 모두 오른쪽과 같은 정삼각형 모양이고 면이 4개인 입체도형이
있습니다. 이 입체도형의 모서리는 몇 개입니까?

❶ 조건에 알맞은 입체도형 알아보기

❷ 조건에 알맞은 입체도형의 모서리는 몇 개인지 구하기

6 다음 조건에 알맞은 각뿔의 꼭짓점은 몇 개입니까?

> (면의 수)+(모서리의 수)−(꼭짓점의 수)=20

❶ 조건에 알맞은 각뿔은 무엇인지 알아보기

❷ 조건에 알맞은 각뿔의 꼭짓점은 몇 개인지 구하기

바른답 • 알찬풀이 20쪽

7 오른쪽 직육면체의 부피가 12000000 cm³일 때 □ 안에 알맞은 수를 구하시오.

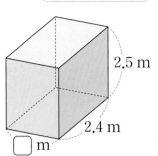

2.5 m

2.4 m

□ m

8 오른쪽 직육면체 모양 치즈를 잘라서 가장 큰 정육면체 모양으로 만들었습니다. 정육면체 모양 치즈의 부피와 남은 치즈의 부피의 차는 몇 cm³입니까?

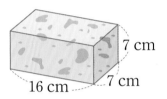

7 cm

7 cm

16 cm

9 예서가 가지고 있는 필통은 모서리 수와 꼭짓점 수의 합이 25개인 각기둥 모양입니다. 예서가 가지고 있는 필통은 면이 몇 개입니까?

단순화 하여 해결하기

1 한 모서리의 길이가 2 cm인 정육면체 모양 각설탕 4개를 오른쪽 그림과 같이 쌓았습니다. 쌓은 모양의 겉넓이의 합은 몇 cm²입니까?

문제 분석 구하려는 것에 **밑줄을 긋고** 주어진 조건을 **정리해 보시오.**

- 각설탕 한 개의 한 모서리의 길이: ☐ cm
- 각설탕 4개를 직육면체 모양으로 쌓았습니다.

해결 전략 • 각설탕의 한 면의 넓이를 구한 다음 쌓은 모양의 겉넓이가 각설탕 한 면의 넓이의 몇 배인지 알아봅니다.

풀이

❶ 각설탕의 한 면의 넓이는 몇 cm²인지 구하기

각설탕은 정육면체 모양이고 한 모서리의 길이는 ☐ cm이므로

각설탕의 한 면의 넓이는 ☐ × ☐ = ☐ (cm²)입니다.

❷ 쌓은 모양의 겉넓이는 각설탕 한 면의 넓이의 몇 배인지 알아보기

쌓은 모양의 겉넓이는 각설탕 한 면의 넓이의 ☐ 배입니다.

❸ 쌓은 모양의 겉넓이는 몇 cm²인지 구하기

각설탕 한 면의 넓이는 ☐ cm²이므로

쌓은 모양의 겉넓이는 ☐ × ☐ = ☐ (cm²)입니다.

답 ☐ cm²

2 오른쪽과 같이 물이 담긴 직육면체 모양의 수조에 돌을 넣었습니다. 돌을 넣기 전 물의 높이가 10 cm였다면 돌의 부피는 몇 cm³입니까? (단, 수조의 두께는 생각하지 않습니다.)

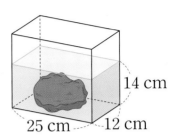

문제 분석

구하려는 것에 밑줄을 긋고 주어진 조건을 정리해 보시오.

• 수조의 가로: 25 cm   • 수조의 세로: 12 cm

• 수조에 돌을 넣기 전 물의 높이: ☐ cm

• 수조에 돌을 넣은 후 물의 높이: ☐ cm

해결 전략

• 돌을 물에 잠기게 넣으면 돌의 부피만큼 전체 부피가 늘어납니다.

• 돌을 넣기 전과 넣은 후의 부피를 비교해 봅니다.

풀이

❶ 물의 높이가 몇 cm 높아졌는지 구하기

돌을 넣자 돌을 넣기 전보다 물의 높이가 $14-$ ☐ $=$ ☐ (cm)만큼 높아졌습니다.

❷ 돌의 부피는 몇 cm³인지 구하기

돌의 부피는 돌을 넣은 후 늘어난 부피만큼입니다.

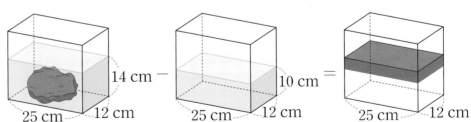

(돌의 부피)=(수조의 가로)×(수조의 세로)×(높아진 물의 높이)

$=$ ☐ $\times$ ☐ $\times$ ☐ $=$ ☐ (cm^3)

답

☐ cm^3

단순화하여 해결하기

1 오른쪽 입체도형의 부피는 몇 cm³입니까?

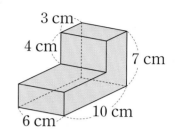

❶ 입체도형을 두 직육면체로 나누어 생각하기

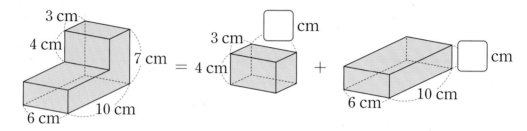

❷ 입체도형의 부피는 몇 cm³인지 구하기

2 한 모서리의 길이가 3 cm인 정육면체 모양 블록을 오른쪽과 같이 쌓아 입체도형을 만들었습니다. 입체도형의 부피는 몇 cm³입니까?

❶ 블록 한 개의 부피는 몇 cm³인지 구하기

❷ 쌓은 블록은 모두 몇 개인지 구하기

❸ 입체도형의 부피는 몇 cm³인지 구하기

바른답 • 알찬풀이 22쪽

3 오른쪽 그림과 같이 한 모서리의 길이가 8 cm인 정육면체 모양 블록 3개를 한 면씩 완전히 겹치도록 한 줄로 이어 붙인 후 겉면 을 모두 색칠하였습니다. 색칠한 부분의 넓이는 몇 cm²입니까?

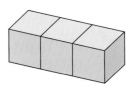

❶ 블록의 한 면의 넓이는 몇 cm²인지 구하기

❷ 색칠한 부분의 넓이는 블록 한 면의 넓이의 몇 배인지 알아보기

❸ 색칠한 부분의 넓이는 몇 cm²인지 구하기

4 정육면체 가의 한 모서리의 길이는 정육면체 나의 한 모서리의 길이의 2배입니다. 가 의 부피는 나의 부피의 몇 배입니까?

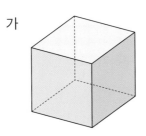
가

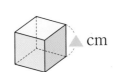
나
cm

❶ 정육면체 나의 부피를 식으로 나타내기

❷ 정육면체 가의 부피를 식으로 나타내기

❸ 가의 부피는 나의 부피의 몇 배인지 구하기

단순화 하여 해결하기

5

오른쪽 수조 안에 돌을 물에 잠기게 넣으려고 합니다. 부피가 2400 cm³인 돌을 넣는다면 돌을 넣은 후 물의 높이는 몇 cm가 됩니까? (단, 수조의 두께는 생각하지 않습니다.)

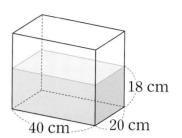

① 돌을 넣은 후 물의 높이가 몇 cm만큼 높아지는지 구하기

② 돌을 넣은 후 물의 높이가 몇 cm가 되는지 구하기

6

오른쪽 입체도형의 겉넓이는 몇 cm²입니까? (단, 빗금 친 부분을 입체도형의 한 밑면으로 생각합니다.)

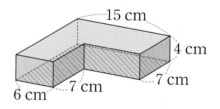

① 입체도형의 한 밑면의 넓이는 몇 cm²인지 구하기

② 입체도형의 옆면의 넓이는 몇 cm²인지 구하기

③ 입체도형의 겉넓이는 몇 cm²인지 구하기

🔽 바른답 • 알찬풀이 22쪽

7 오른쪽은 직육면체의 일부를 직육면체 모양만큼 잘라내고 남은 입체도형입니다. 이 입체도형의 부피는 몇 m³입니까?

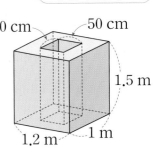

50 cm
50 cm
1.5 m
1.2 m
1 m

8 정육면체 모양 블록을 쌓아 오른쪽 직육면체를 만들었습니다. 만든 직육면체의 부피가 324 cm³일 때 쌓은 블록의 한 모서리의 길이는 몇 cm입니까?

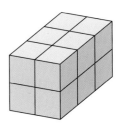

9 직육면체 모양의 버터를 그림과 같이 똑같이 4조각으로 자를 때 자른 버터 4조각의 겉넓이의 합은 자르기 전 버터의 겉넓이보다 몇 cm² 더 늘어납니까?

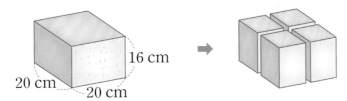

16 cm
20 cm
20 cm

1 다음 각뿔은 밑면의 모양이 정육각형이고, 옆면의 모양이 모두 이등변 삼각형입니다. 이 각뿔의 모든 모서리 길이의 합은 몇 cm입니까?

식을 만들어 해결하기

6 cm

4 cm

조건을 따져 해결하기

2 다음 중 부피가 작은 것부터 차례로 기호를 쓰시오.

> ㉠ 3.5 m³   ㉡ 300000 cm³
>
> ㉢ 가로, 세로, 높이가 각각 1.5 m, 2.2 m, 1 m인 직육면체의 부피

그림을 그려 해결하기

3 준석이는 다음과 같이 정사각형 6개로 이루어진 전개도를 접어 선물 상자를 만들었습니다. 만든 선물 상자의 부피는 몇 cm³입니까?

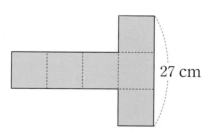

27 cm

4 다음 직육면체 모양 빵을 잘라서 정육면체 모양 빵을 만들려고 합니다. 만들 수 있는 가장 큰 정육면체 모양 빵의 겉넓이는 몇 cm^2입니까?

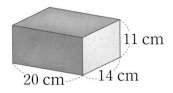

5 다음 직육면체와 부피가 같은 정육면체의 한 모서리의 길이는 몇 cm입니까?

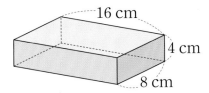

6 옆면이 오른쪽 직사각형과 합동인 면 4개로 이루어진 각기둥이 있습니다.
이 각기둥의 부피가 45 cm³일 때 높이는 몇 cm입니까?

그림을 그려 해결하기

3 cm

식을 만들어 해결하기

7 모서리의 길이가 모두 같고 면이 12개인 각기둥이 있습니다. 이 각기둥의 한 모서리의 길이가 7 cm일 때 이 각기둥의 모든 모서리 길이의 합은 몇 cm입니까?

단순화하여 해결하기

8 다음은 직육면체의 일부를 직육면체 모양만큼 잘라내고 남은 입체도형입니다. 이 입체도형의 겉넓이는 몇 cm²입니까?

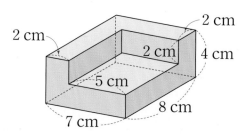

2 cm

2 cm

2 cm

4 cm

5 cm

8 cm

7 cm

단순화하여 해결하기

9 크기가 같은 정육면체 모양의 쌓기나무 120개를 쌓아 다음 직육면체를 만들었습니다. 만든 직육면체의 겉넓이가 3700 cm²일 때 쌓기나무 한 개의 부피는 몇 cm³입니까?

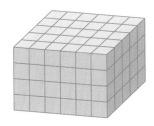

그림을 그려 해결하기

10 다음 사각기둥의 겉면에 꼭짓점 ㄹ에서 꼭짓점 ㅂ까지 잇는 가장 짧은 선분을 그었습니다. 그은 선분과 모서리 ㄷㅅ이 만나는 점이 점 ㅈ일 때 사각형 ㄹㅈㅅㅇ의 넓이와 삼각형 ㅈㅂㅅ의 넓이의 합은 몇 cm²입니까?

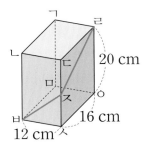

10점 X _____ 개 = _____ 점

1 오른쪽은 어느 각기둥의 밑면과 옆면의 모양입니다.
이 각기둥의 모든 모서리 길이의 합은 몇 cm입니까?

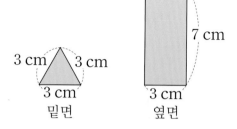

3 cm   3 cm
3 cm
밑면

7 cm
3 cm
옆면

2 오른쪽 정육면체 모양 상자 안에 한 모서리의 길이가 10 cm인 정육
면체 모양 주사위를 빈틈없이 채우려고 합니다. 상자 안에 주사위를
몇 개까지 넣을 수 있습니까? (단, 상자의 두께는 생각하지 않습니다.)

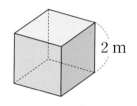

2 m

3 직육면체의 일부를 정육면체 모양만큼 잘라내고 남은 입체도형입니다. 이 입체도형의 부피
는 몇 cm^3입니까?

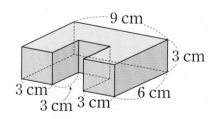

9 cm
3 cm
3 cm   6 cm
3 cm 3 cm

4 직육면체의 전개도의 일부분입니다. 이 직육면체의 전개도를 완성하고 겉넓이는 몇 cm²인지 구하시오.

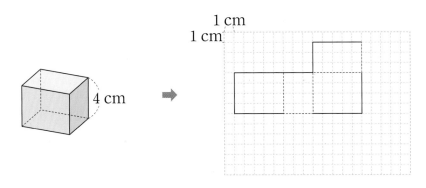

5 수아는 미술 시간에 다음과 같은 직육면체 모양의 선물 상자를 만들고, 상자의 겉면에 겹치는 부분이 없도록 빈틈없이 포장지를 붙였습니다. 붙인 포장지의 넓이가 2300 cm²일 때 이 선물 상자의 부피는 몇 cm³입니까?

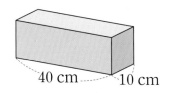

6 정육면체 가의 한 모서리의 길이는 정육면체 나의 한 모서리의 길이의 2배입니다. 가의 겉넓이는 나의 겉넓이의 몇 배입니까?

가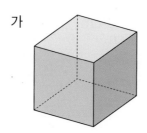

나 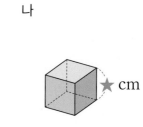 ★ cm

7 다음 조건에 알맞은 각기둥의 이름을 쓰시오.

$$(꼭짓점의\ 수)+(면의\ 수)=38$$

8 다음과 같이 물이 담긴 직육면체 모양의 수조에 돌을 넣었습니다. 돌을 넣기 전 물의 높이가 28 cm였다면 돌의 부피는 몇 cm³입니까? (단, 수조의 두께는 생각하지 않습니다.)

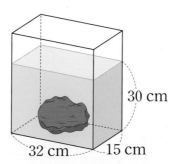

30 cm

32 cm   15 cm

9 다음은 밑면의 모양이 정삼각형인 각기둥의 전개도입니다. 이 전개도의 둘레가 68 cm일 때 선분 ㄴㄷ의 길이는 몇 cm입니까?

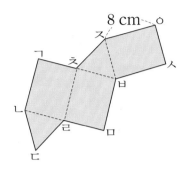

10 다음은 크기가 같은 정육면체 20개를 쌓아 만든 입체도형입니다. 쌓은 정육면체의 한 모서리의 길이가 1 cm일 때 이 입체도형의 겉넓이는 몇 cm²입니까?

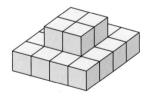

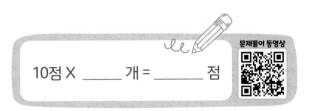

10점 X _____ 개 = _____ 점

3장 규칙성 · 자료와 가능성

" 학습 계획 세우기 "

	익히기	적용하기	
식을 만들어 해결하기	☐ 88~89쪽 월 일	☐ 90~91쪽 월 일	☐ 92~93쪽 월 일
그림을 그려 해결하기	☐ 94~95쪽 월 일	☐ 96~97쪽 월 일	☐ 98~99쪽 월 일
표를 만들어 해결하기	☐ 100~101쪽 월 일	☐ 102~103쪽 월 일	☐ 104~105쪽 월 일
조건을 따져 해결하기	☐ 106~107쪽 월 일	☐ 108~109쪽 월 일	☐ 110~111쪽 월 일

마무리 1회	마무리 2회
☐ 112~115쪽 월 일	☐ 116~119쪽 월 일

1 주어진 비의 기준량과 비교하는 양을 쓰고 비율을 분수로 나타내시오.

비	기준량	비교하는 양	비율
7 : 49			
30에 대한 9의 비			

2 관계있는 것끼리 이어 보시오.

$\frac{3}{5}$ •	• 0.6 •	• 91 %
$\frac{91}{100}$ •	• 0.65 •	• 65 %
$\frac{13}{20}$ •	• 0.91 •	• 60 %

[3~4] 마을별 강수량을 조사하여 나타낸 그림그래프입니다. 물음에 답하시오.

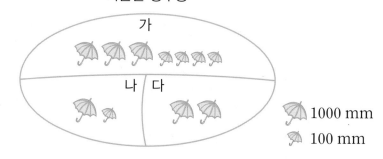

마을별 강수량

☂ 1000 mm
☂ 100 mm

3 가장 강수량이 많은 마을과 가장 강수량이 적은 마을을 차례로 쓰시오.

(   )

4 가 마을의 강수량은 몇 mm입니까?

(   )

5 전체에 대한 색칠한 부분의 비율이 0.4인 것을 골라 기호를 쓰시오.

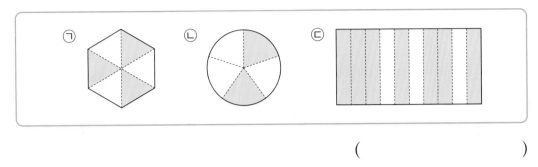

( )

6 직사각형의 가로에 대한 세로의 비율을 백분율로 나타내시오.

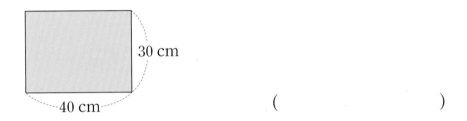

30 cm
40 cm

( )

[7~8] 선아네 학교 학생들이 겨울방학에 가고 싶은 장소를 조사하여 나타낸 띠그래프입니다. 물음에 답하시오.

겨울방학에 가고 싶은 장소

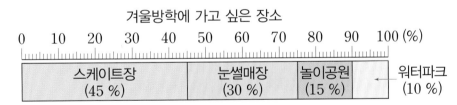

0 10 20 30 40 50 60 70 80 90 100 (%)

스케이트장 (45 %) 눈썰매장 (30 %) 놀이공원 (15 %) 워터파크 (10 %)

7 스케이트장에 가고 싶은 학생 수는 놀이공원에 가고 싶은 학생 수의 몇 배입니까?

( )

8 조사한 전체 학생 수가 300명일 때 눈썰매장에 가고 싶은 학생은 몇 명입니까?

( )

식을 만들어 해결하기

1 가로에 대한 세로의 비율이 0.45인 직사각형 모양의 액자입니다. 이 액자의 넓이는 몇 cm²입니까?

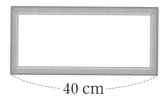

·····40 cm·····

문제 분석   구하려는 것에 밑줄을 긋고 주어진 조건을 정리해 보시오.

- 직사각형 모양 액자의 가로: 40 cm

- 가로에 대한 세로의 비율: ☐

해결 전략

- (비율)=$\dfrac{(비교하는 양)}{(기준량)}$ ➡ (비교하는 양)=(기준량)×(☐)

- 액자의 세로를 구한 다음, 액자의 넓이를 구합니다.

풀이

❶ 액자의 세로는 몇 cm인지 구하기

가로에 대한 세로의 비율에서

기준량은 (가로 , 세로)이고, 비교하는 양은 (가로 , 세로)입니다.

➡ (세로)=(가로)×(가로에 대한 세로의 비율)

=40×☐=☐ (cm)

❷ 액자의 넓이는 몇 cm²인지 구하기

(액자의 넓이)=(가로)×(세로)

=40×☐=☐ (cm²)

답   ☐ cm²

바른답·알찬풀이 27쪽

2 승호네 아파트에서 하루에 수거되는 종류별 재활용품의 무게를 조사하여 나타낸 원그래프입니다. 하루에 수거되는 전체 재활용품이 400 kg일 때 플라스틱 재활용품은 몇 kg입니까?

종류별 재활용품의 무게

기타(15 %)
비닐(10 %)
금속(12 %)
종이(23 %)
플라스틱

문제 분석

구하려는 것에 밑줄을 긋고 주어진 조건을 정리해 보시오.

• 하루에 수거되는 종류별 재활용품의 백분율: 종이 23 %, 금속 ☐ %,

비닐 10 %, 기타 15 %

• 하루에 수거되는 전체 재활용품의 무게: ☐ kg

해결 전략

• 백분율은 기준량을 ☐ 으로 할 때의 비율이므로 백분율 ■%를 분수로

나타내면 $\dfrac{■}{100}$입니다.

풀이

❶ 플라스틱 재활용품은 전체의 몇 %인지 구하기

(플라스틱 재활용품이 차지하는 백분율)$=100-(23+$ ☐ $+10+15)$

$=100-$ ☐ $=$ ☐ (%)

❷ 플라스틱 재활용품은 몇 kg인지 구하기

플라스틱 재활용품이 차지하는 비율을 분수로 나타내면 $\dfrac{☐}{100}$입니다.

➡ (플라스틱 재활용품의 무게)

=(전체 재활용품의 무게)×(플라스틱 재활용품이 차지하는 비율)

$=400×\dfrac{☐}{100}=$ ☐ (kg)

답 ☐ kg

식을 만들어 해결하기

1 은설이가 밀가루 8컵에 물 3컵을 부어 밀가루 반죽을 만들었습니다. 밀가루 24컵을 이용하여 같은 비율로 밀가루 반죽을 만든다면 필요한 물은 몇 컵입니까?

❶ 밀가루 양에 대한 물 양의 비율을 분수로 나타내기

❷ 밀가루 24컵을 이용하여 반죽을 만들 때 필요한 물은 몇 컵인지 구하기

2 재훈이는 용돈 1000원을 받아서 그중 300원을 저금했습니다. 재훈이가 용돈 5000원을 받아서 같은 비율로 저금한다면 얼마를 저금해야 합니까?

❶ 용돈에 대한 저금하는 금액의 비율을 소수로 나타내기

❷ 용돈 5000원을 받았을 때 얼마를 저금해야 하는지 구하기

바른답 • 알찬풀이 27쪽

3 혜주가 사는 도시의 인구는 80000명입니다. 이 도시 인구의 35 %는 학생이고, 학생 중 42 %가 여학생일 때 혜주가 사는 도시의 여학생은 몇 명입니까?

❶ 혜주가 사는 도시의 학생은 몇 명인지 구하기

❷ 혜주가 사는 도시의 여학생은 몇 명인지 구하기

4 진우네 학교 6학년 1반과 2반 학급 문고의 종류별 권수를 조사하여 나타낸 띠그래프 입니다. 1반 학급 문고는 200권, 2반 학급 문고는 180권일 때 위인전이 더 많은 반은 어느 반입니까?

학급 문고의 종류별 권수

1반	동화책 (45 %)	위인전 (25 %)	잡지 (10 %)	기타 (20 %)

2반	동화책 (40 %)	위인전	잡지 (20 %)	기타 (10 %)

❶ 1반 학급 문고 중 위인전은 몇 권인지 구하기

❷ 2반 학급 문고 중 위인전은 몇 권인지 구하기

❸ 위인전이 더 많은 반 구하기

식을 만들어 해결하기

5 같은 시각, 같은 장소에서 물체의 길이에 대한 그림자 길이의 비율은 같습니다. 키가 135 cm인 민혁이의 그림자 길이가 120 cm가 되는 시각에 높이가 180 cm인 나무의 그림자 길이는 몇 cm입니까?

➊ 물체 길이에 대한 그림자 길이의 비율을 기약분수로 나타내기

➋ 같은 시각에 나무의 그림자는 몇 cm인지 구하기

6 어느 박물관의 연령별 입장객 수를 조사하여 나타낸 띠그래프와 학생 입장객 수를 조사하여 나타낸 원그래프입니다. 박물관의 전체 입장객이 1800명일 때 입장객 중 대학생은 몇 명입니까?

연령별 입장객 수

미취학 아동 (20 %)	성년 (22 %)	학생 (50 %)	경로 (8%)

학생 입장객 수

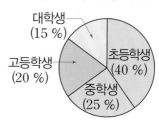

대학생
(15 %)
고등학생
(20 %)
초등학생
(40 %)
중학생
(25 %)

➊ 박물관의 입장객 중 학생은 몇 명인지 구하기

➋ 학생 입장객 중 대학생은 몇 명인지 구하기

7 성민이네 농장에서 수확한 배추 600포기 중 5 %는 상해서 버렸습니다. 남은 배추를 한 포기에 3200원씩 받고 모두 팔았다면 배추를 팔아 얻은 금액은 얼마입니까?

8 태윤이네 학교의 학년별 학생 수를 조사하여 나타낸 원그래프입니다. 오늘 전체 학생 중 1학년과 2학년 학생의 50 %만 교통안전 프로그램에 참가합니다. 오늘 교통안전 프로그램에 참가하는 학생은 전체 학생의 얼마인지 비율을 소수로 나타내시오.

학년별 학생 수

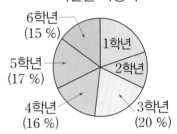

9 가 도시의 넓이는 150 km²이고 인구는 5400명입니다. 가 도시와 나 도시는 넓이에 대한 인구의 비율이 같습니다. 나 도시의 넓이가 120 km²일 때 나 도시의 인구는 몇 명입니까?

그림을 그려 해결하기

1 넓이가 450 m²인 땅에 넓이가 180 m²인 운동장을 만들려고 합니다. 전체 땅의 넓이가 오른쪽과 같을 때 운동장의 넓이만큼 색칠하려면 몇 칸을 색칠해야 합니까?

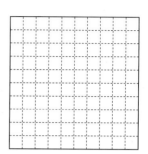

문제 분석 구하려는 것에 밑줄을 긋고 주어진 조건을 정리해 보시오.

• 전체 땅의 넓이: [ ] m²

• 운동장의 넓이: [ ] m²

• 주어진 그림은 모눈 [ ] 칸으로 나누어져 있습니다.

해결 전략 • 전체 땅 넓이에 대한 운동장 넓이의 비율을 백분율로 나타내 봅니다.

• (비율) × [ ] = (백분율)(%)

• 백분율을 이용하여 전체 땅의 넓이 중 운동장의 넓이는 모눈 몇 칸만큼인지 구합니다.

풀이 ❶ 운동장 넓이는 땅 넓이의 몇 %인지 알아보기

기준량은 (땅의 넓이 , 운동장의 넓이)이고

비교하는 양은 (땅의 넓이 , 운동장의 넓이)이므로 백분율로 나타내면

$\dfrac{(비교하는\ 양)}{(기준량)}$ × [ ] = $\dfrac{180}{\boxed{}}$ × [ ] = [ ] (%)입니다.

❷ 운동장의 넓이만큼 색칠하기

운동장 넓이는 땅 넓이의 [ ] %이므로 그림에서 100칸 중 [ ] 칸만큼 색칠합니다.

답 [ ] 칸

바른답·알찬풀이 29쪽

2 주호네 반 학생들이 좋아하는 계절을 조사하여 나타낸 표입니다. 표를 보고 띠그래프로 나타내시오.

좋아하는 계절별 학생 수

계절	봄	여름	가을	겨울	합계
학생 수 (명)	8	14	12		40

문제 분석

구하려는 것에 밑줄을 긋고 주어진 조건을 정리해 보시오.

- 주호네 반 학생 수: 40명
- 좋아하는 계절별 학생 수: 봄 8명, 여름 ☐명, 가을 12명

해결 전략

- 겨울을 좋아하는 학생 수를 구한 다음 좋아하는 계절별 학생 수의 백분율을 구합니다.

풀이

❶ 겨울을 좋아하는 학생 수는 몇 명인지 구하기

$$(\text{겨울을 좋아하는 학생 수}) = 40 - (8 + \boxed{} + 12)$$
$$= 40 - \boxed{} = \boxed{} \text{(명)}$$

❷ 좋아하는 계절별 학생 수의 백분율 구하기

- 봄: $\dfrac{8}{40} \times 100 = 20$ (%)   · 여름: $\dfrac{14}{40} \times 100 = 35$ (%)

- 가을: $\dfrac{\boxed{}}{40} \times 100 = \boxed{}$ (%)   · 겨울: $\dfrac{\boxed{}}{40} \times 100 = \boxed{}$ (%)

❸ 띠그래프로 나타내기

좋아하는 계절별 학생 수의 백분율을 띠그래프로 나타냅니다.

답

좋아하는 계절별 학생 수

0 10 20 30 40 50 60 70 80 90 100 (%)

그림을 그려 해결하기

1 희진이가 수학 퀴즈대회에 나가서 50문제 중 40문제를 맞혔습니다. 희진이의 정답률을 백분율로 나타내시오.

① 100문제를 풀 때 몇 문제를 맞히게 되는지 알아보기

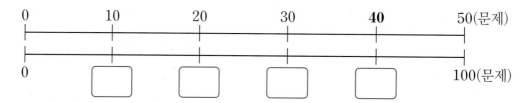

② 정답률을 백분율로 나타내기

2 넓이가 320 m²인 농장에 포도를 64 m²만큼 심어 포도밭을 만들려고 합니다. 전체 농장의 넓이가 오른쪽과 같을 때 포도밭의 넓이만큼 색칠하시오.

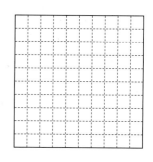

① 포도밭 넓이는 농장 넓이의 몇 %인지 알아보기

② 포도밭의 넓이만큼 색칠하기

바른답 · 알찬풀이 29쪽

3 효원이네 반 학생들의 취미를 조사하여 나타낸 표입니다. 표를 보고 원그래프로 나타내시오.

취미별 학생 수

취미	게임	운동	독서	기타	합계
학생 수 (명)	15	6	3	6	30

취미별 학생 수

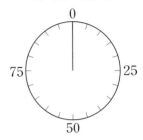

❶ 취미별 학생 수의 백분율 구하기

❷ 원그래프로 나타내기

4 오른쪽은 크기가 같은 정삼각형 12개를 붙여 만든 도형입니다. 전체에 대한 색칠한 부분의 비율이 75 %가 되도록 오른쪽 도형에 색칠하시오.

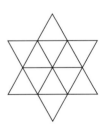

❶ 전체에 대한 색칠한 부분의 비율을 기약분수로 나타내기

❷ 주어진 비율만큼 색칠하기

그림을 그려 해결하기

5 현지네 학교 6학년 학생들이 여행으로 가 보고 싶은 나라를 조사하여 나타낸 표입니다. 표를 보고 띠그래프로 나타내시오.

가 보고 싶은 나라별 학생 수

나라	미국	일본	중국	호주	기타	합계
학생 수 (명)	90	75	45	36	54	300

가 보고 싶은 나라별 학생 수

```
0    10   20   30   40   50   60   70   80   90   100 (%)
```

❶ 가 보고 싶은 나라별 학생 수의 백분율 구하기

❷ 띠그래프로 나타내기

6 주어진 비율만큼 오른쪽 그림에 색칠해 보시오.

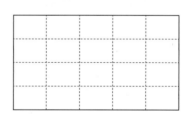

55 %

❶ 주어진 비율을 기약분수로 나타내기

❷ 주어진 비율만큼 색칠하기

바른답 • 알찬풀이 30쪽

7 물 600 g에 소금 200 g을 녹여서 소금물 800 g을 만들었습니다. 이 소금물 100 g에 녹아 있는 소금은 몇 g인지 구하여, 소금물 양에 대한 소금 양의 비율을 백분율로 나타내 보시오.

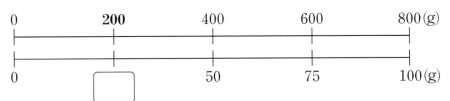

8 지후가 정사각형 모양 색종이를 오른쪽과 같이 잘라 전체의 25 % 만큼 사용했습니다. 지후가 사용한 부분만큼 오른쪽 그림에 색칠해 보시오.

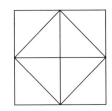

9 선화네 학교 학생들이 가고 싶은 체험 학습 장소별 학생 수를 조사하여 나타낸 표입니다. 표를 보고 원그래프로 나타내시오.

체험 학습 장소별 학생 수

장소	놀이공원	박물관	미술관	기타	합계
학생 수(명)	150	200	115	35	

체험 학습 장소별 학생 수

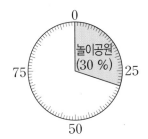

표를 만들어 해결하기

1

일정한 빠르기로 2시간에 50 km를 가는 오토바이가 있습니다. 이 오토바이를 타고 250 km를 가는 데 걸리는 시간은 몇 시간입니까?

문제 분석　구하려는 것에 **밑줄을 긋고** 주어진 조건을 정리해 보시오.

• 오토바이가 일정한 빠르기로 2시간에 □ km를 갑니다.

해결 전략　• 오토바이를 타고 가는 데 걸린 시간에 따라 간 거리를 표로 나타내어 250 km 를 가는 데 걸리는 시간을 구합니다.

풀이　❶ 걸린 시간과 간 거리를 표로 나타내기

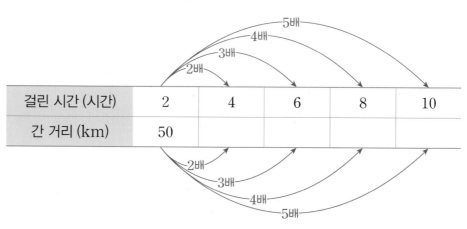

걸린 시간 (시간)	2	4	6	8	10
간 거리 (km)	50				

❷ 250 km를 가는 데 걸리는 시간은 몇 시간인지 구하기

오토바이가 250 km를 가는 데 걸리는 시간은 □ 시간입니다.

답　□ 시간

2

어느 지역의 연도별 감자 생산량을 조사하여 나타낸 그림그래프입니다. 2018년부터 2021년까지의 감자 생산량의 합이 1520 t일 때 2020년의 감자 생산량은 몇 t입니까?

연도별 감자 생산량

연도	생산량	연도	생산량
2018	🥔🥔🥔🥔🥔○○○○	2020	
2019	🥔🥔🥔🥔	2021	🥔🥔🥔○○

🥔 100 t
○ 10 t

문제 분석 구하려는 것에 밑줄을 긋고 주어진 조건을 정리해 보시오.

- 2018년부터 2021년까지의 감자 생산량의 합은 [　　] t입니다.

해결 전략
- 그림그래프의 그림을 읽어 연도별 감자 생산량을 표로 나타내 봅니다.
- 합계를 이용해 2020년의 감자 생산량을 구합니다.

풀이

❶ 그림그래프를 표로 나타내기

🥔은 [　　] t을 나타내고, ○은 [　　] t을 나타냅니다.

연도별 감자 생산량

연도 (년)	2018	2019	2020	2021	합계
생산량 (t)	440		■		1520

❷ 2020년의 감자 생산량은 몇 t인지 구하기

2020년의 감자 생산량을 ■ t이라 하면

(전체 감자 생산량의 합)＝440＋[　　]＋■＋[　　]＝1520 (t)이므로

■＝1520－[　　]＝[　　] (t)입니다.

답 [　　] t

표를 만들어 해결하기

1 예율이가 탄산수 250 mL에 포도 원액 70 mL를 섞어서 포도에이드를 만들었습니다. 같은 비율로 포도에이드를 만들려면 탄산수 1 L에 포도 원액을 몇 mL 섞어야 합니까?

❶ 탄산수 양과 포도 원액 양을 표로 나타내기

2배 ↗

탄산수 양 (mL)	250	500	750	1000
포도 원액 양 (mL)	70			

2배 ↗

❷ 탄산수 1 L에 포도 원액을 몇 mL 섞어야 하는지 구하기

2 지역별 사과 수확량을 조사하여 나타낸 띠그래프입니다. 네 지역의 전체 사과 수확량의 합이 120 t일 때 띠그래프를 보고 그림그래프로 나타내시오.

지역별 사과 수확량

0 10 20 30 40 50 60 70 80 90 100 (%)

가 (30 %)	나 (15 %)	다 (20 %)	라 (35 %)

❶ 지역별 사과 수확량 알아보기

지역별 사과 수확량

	가	나	다	라	합계
백분율 (%)	30				100
수확량 (t)	36				120

❷ 그림그래프로 나타내기

지역별 사과 수확량

가 🍎🍎🍎 🍎🍎🍎🍎🍎	나
다	라

🍎 10 t
🍎 1 t

바른답 · 알찬풀이 32쪽

3 채린이네 반 학생들이 태어난 계절을 조사하여 나타낸 막대그래프입니다. 막대그래프를 보고 원그래프로 나타내시오.

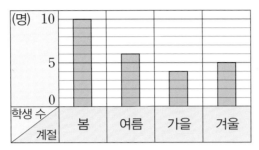

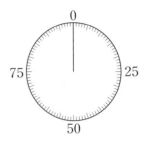

❶ 태어난 계절별 학생 수의 백분율 구하기

태어난 계절별 학생 수

	봄	여름	가을	겨울	합계
학생 수 (명)	10				
백분율 (%)					100

❷ 원그래프로 나타내기

4 가로와 세로의 비가 3 : 2이고, 넓이가 150 cm²인 직사각형이 있습니다. 이 직사각형의 가로와 세로는 각각 몇 cm입니까?

❶ 직사각형의 가로는 세로의 몇 배인지 알아보기

❷ 직사각형의 가로와 세로는 각각 몇 cm인지 구하기

세로 (cm)	……	6	7	8	9	10	……
가로 (cm)	……	9	10.5		13.5		……
넓이 (cm²)	……	54	73.5		121.5		……

표를 만들어 해결하기

5 공장별 도자기 생산량을 조사하여 나타낸 그림그래프입니다. 네 공장의 도자기 생산량의 합이 5000개일 때 나 공장의 도자기 생산량은 몇 개입니까?

공장별 도자기 생산량

공장	생산량	공장	생산량
가	🏺🏺....	다	🏺🏺🏺.
나		라	🏺🏺🏺...

🏺 500개
🏺 50개
· 10개

❶ 그림그래프를 표로 나타내기

공장별 도자기 생산량

공장	가	나	다	라	합계
생산량 (개)	590				

❷ 나 공장의 도자기 생산량은 몇 개인지 구하기

6 마을별 쓰레기 양을 조사하여 나타낸 원그래프입니다. 네 마을의 전체 쓰레기 양의 합이 2000 L일 때 원그래프를 보고 그림그래프로 나타내시오.

마을별 쓰레기 양

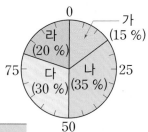

❶ 마을별 쓰레기 양이 각각 몇 L인지 알아보기

마을별 쓰레기 양

마을	가	나	다	라	합계
백분율 (%)	15				100
쓰레기 양 (L)	300				2000

❷ 그림그래프로 나타내기

마을별 쓰레기 양

가	나
👜👜👜	
다	라

 500 L
👜 100 L

바른답·알찬풀이 33쪽

7 문구점에서 모든 물건을 같은 비율로 할인해서 팔고 있습니다. 가격이 600원인 색연필을 100원 할인하여 500원에 판다면 가격이 2400원인 스케치북은 할인하여 얼마에 팔겠습니까?

8 민서네 학교 6학년 학생들이 좋아하는 과목별 학생 수를 조사하여 나타낸 띠그래프의 일부입니다. 전체 학생 수가 500명이고, 미술을 좋아하는 학생은 국어를 좋아하는 학생의 2배일 때 다음 표를 완성하고, 미술을 좋아하는 학생은 몇 명인지 구하시오.

좋아하는 과목별 학생 수

| 0 10 20 30 40 50 60 70 80 90 100 (%) |

| 수학 (15 %) | 체육 (32 %) | 과학 (23 %) | |

좋아하는 과목별 학생 수의 백분율

과목	수학	체육	과학	미술	국어
백분율 (%)					

9 가로와 세로의 비가 3 : 1이고, 둘레가 120 cm인 직사각형이 있습니다. 이 직사각형의 넓이는 몇 cm^2입니까?

조건을 따져 해결하기

1 현준이네 반 학생들이 9인승과 12인승 자동차에 나누어 타고 체험학습을 가고 있습니다. 9인승 자동차에는 5명이 타고, 12인승 자동차에는 8명이 탔습니다. 어느 자동차에 탄 학생들이 자동차를 더 넓다고 느끼겠습니까? (단, 운전자는 생각하지 않습니다.)

문제 분석 구하려는 것에 **밑줄을 긋고** 주어진 조건을 정리해 보시오.

- 9인승 자동차에 탄 학생 수: ⬜ 명

- 12인승 자동차에 탄 학생 수: ⬜ 명

해결 전략
- 자동차에 탈 수 있는 학생 수에 대한 탄 학생 수의 비율을 각각 구하여 비교해 봅니다.
- 구한 비율이 (높을수록 , 낮을수록) 학생들이 자동차를 더 넓게 느낍니다.

풀이

❶ 탈 수 있는 학생 수에 대한 탄 학생 수의 비율을 기약분수로 나타내기

- 9인승 자동차: $\dfrac{\boxed{}}{9}$

- 12인승 자동차: $\dfrac{\boxed{}}{12} = \dfrac{\boxed{}}{3}$

❷ 어느 자동차에 탄 학생들이 더 넓다고 느끼는지 알아보기

기약분수로 나타낸 두 비율의 크기를 비교해 보면 $\dfrac{\boxed{}}{9} < \dfrac{\boxed{}}{3}$ 이므로

(9인승 자동차 , 12인승 자동차)에 탄 학생들이 더 넓다고 느낍니다.

답 ⬜ 인승 자동차

바른답 • 알찬풀이 34쪽

2 어느 도시의 연도별 자전거 이용자 수를 조사하여 나타낸 그림그래프입니다. 자전거 이용자 수가 가장 많은 해와 가장 적은 해의 이용자 수의 차는 몇 명입니까?

연도별 자전거 이용자 수

연도	이용자 수
2018	🚲🚲🚲🚲🚲🚲
2019	🚲🚲🚲🚲🚲🚲🚲🚲
2020	🚲🚲🚲🚲🚲🚲🚲🚲🚲
2021	🚲🚲🚲🚲

🚲 1000명
🚲 100명

문제 분석 구하려는 것에 밑줄을 긋고 주어진 조건을 정리해 보시오.

• 연도별 자전거 이용자 수를 나타낸 그림그래프입니다.

• 🚲는 [   ]명을 나타내고, 🚲는 [   ]명을 나타냅니다.

해결 전략

• 큰 그림의 수가 가장 (많은 , 적은) 해에 자전거 이용자 수가 가장 많습니다.

• 큰 그림의 수가 같을 경우 작은 그림의 수를 비교해 봅니다.

풀이

❶ 자전거 이용자 수가 가장 많은 해와 가장 적은 해 찾기

• 자전거 이용자 수가 가장 많은 해는 큰 그림의 수가 가장 (많은 , 적은)

[   ]년입니다. ➡ 가장 많은 이용자 수: [   ]명

• 자전거 이용자 수가 가장 적은 해는 큰 그림의 수가 2개인 2018년과

[   ]년 중 작은 그림의 수가 더 (많은 , 적은) [   ]년입니다.

➡ 가장 적은 이용자 수: [   ]명

❷ 자전거 이용자 수가 가장 많은 해와 가장 적은 해의 이용자 수의 차는 몇 명인지 구하기

(이용자 수의 차) = [   ] − [   ] = [   ](명)

답 [   ]명

조건을 따져 해결하기

1 진우가 과목별 경시대회에서 수학은 20문제 중 18문제를 맞히고, 영어는 25문제 중 21문제를 맞혔습니다. 둘 중 어느 과목의 정답률이 더 높습니까?

❶ 수학 경시대회의 정답률을 소수로 나타내기

❷ 영어 경시대회의 정답률을 소수로 나타내기

❸ 정답률이 더 높은 과목 알아보기

2 어느 아파트 한 동의 월별 수도 사용량을 조사하여 나타낸 그림그래프입니다. 수도 사용량이 가장 많은 달과 가장 적은 달의 사용량의 차는 몇 t입니까?

월별 수도 사용량

월	사용량
5	🚰🚰🚰🚰 🚰🚰🚰🚰🚰
6	🚰🚰🚰🚰🚰🚰 🚰
7	🚰🚰 🚰🚰 🚰🚰 🚰
8	🚰🚰🚰🚰🚰 🚰🚰🚰

🚰 100 t
🚰 10 t

❶ 수도 사용량이 가장 많은 달과 가장 적은 달 찾기

❷ 수도 사용량이 가장 많은 달과 가장 적은 달의 사용량의 차는 몇 t인지 구하기

◉ 바른답·알찬풀이 34쪽

3 솔아네 마을 사람들의 성씨를 조사하여 나타낸 원그래프입니다. 솔아네 마을 사람들 중 박씨가 240명일 때 김씨는 몇 명입니까?

성씨별 마을 사람 수

❶ 김씨인 사람 수는 박씨인 사람 수의 몇 배인지 구하기

❷ 김씨인 사람은 몇 명인지 구하기

4 행복은행과 소망은행에 예금하였더니 다음과 같이 이자가 생겼습니다. 어느 은행에 예금하는 것이 더 이익입니까?

	예금한 금액 (원)	이자 (원)
행복은행	5000	300
소망은행	18000	990

❶ 행복은행의 이자율을 소수로 나타내기

❷ 소망은행의 이자율을 소수로 나타내기

❸ 어느 은행에 예금하는 것이 더 이익인지 알아보기

조건을 따져 해결하기

5 할인 마트에서 파는 가방과 모자의 정가와 판매 가격을 나타낸 표입니다. 가방과 모자 중 할인율이 더 높은 것은 어느 것입니까?

	정가 (원)	판매 가격 (원)
가방	54000	48600
모자	18000	14400

❶ 가방의 할인율은 몇 %인지 구하기

❷ 모자의 할인율은 몇 %인지 구하기

❸ 가방과 모자 중 할인율이 더 높은 것 찾기

6 새연이네 학교 6학년 학생들의 혈액형을 조사하여 나타낸 띠그래프입니다. 혈액형이 A형인 학생이 60명일 때 혈액형이 B형인 학생은 몇 명입니까?

혈액형별 학생 수

0 10 20 30 40 50 60 70 80 90 100 (%)

A형	B형	O형	AB형

❶ 혈액형이 B형인 학생 수는 혈액형이 A형인 학생 수의 몇 배인지 구하기

❷ 혈액형이 B형인 학생은 몇 명인지 구하기

7 건우네 학교 학생 회장 선거 후보자들의 득표 수를 조사하여 나타 낸 원그래프입니다. 예서의 득표 수는 민호의 득표 수의 몇 배입 니까?

후보자별 득표 수

8 형호네 마을과 다인이네 마을의 넓이와 인구를 나타낸 표입니다. 두 마을 중 인구가 더 밀집한 곳은 어디입니까?

	넓이 (km^2)	인구 (명)
형호네 마을	5	99180
다인이네 마을	4	86712

9 어느 문구점에서 작년에는 공책 4권을 2000원에 팔았고, 올해는 공책 5권을 3000원 에 팝니다. 올해 공책 한 권의 가격은 작년 가격의 몇 %만큼 올랐습니까?

식을 만들어 해결하기

1 어느 도자기 공장에서 만든 도자기 중 불량품의 비율은 전체의 2 %입니다. 이 공장에서 도자기를 1000개 굽는다면 그중 불량품이 몇 개 나오겠습니까?

조건을 따져 해결하기

2 지민이는 어제 250쪽짜리 책을 사서 전체의 30 %를 읽었고, 오늘은 전체의 0.2만큼 읽었습니다. 어제와 오늘 읽고 남은 쪽수는 몇 쪽입니까?

식을 만들어 해결하기

3 다음 직사각형의 가로를 10 %, 세로를 20 % 늘여 만든 직사각형의 넓이는 몇 cm²가 됩니까?

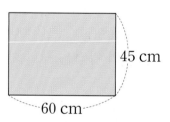

45 cm

60 cm

4 똑같은 인형을 전통시장과 할인마트에서 다음과 같이 할인하여 판매하고 있습니다. 인형을 더 싸게 파는 곳은 어디입니까?

	정가 (원)	할인율 (%)
전통시장	6000	12
할인마트	7000	15

5 농장별 우유 생산량을 조사하여 나타낸 그림그래프입니다. 우유 생산량이 가장 많은 농장과 가장 적은 농장의 생산량의 차는 몇 t입니까?

농장별 우유 생산량

농장	가	나	다	라	마
우유 생산량 (t)					

🥛 10 t   🥛 1 t

6

조건을 따져 해결하기

가 자동차로 60 km를 가는 데 40분이 걸렸고, 나 자동차로 77 km를 가는 데 50분이 걸렸습니다. 가 자동차와 나 자동차 중 속력이 더 빠른 것의 기호를 쓰시오. (단, 속력은 걸린 시간에 대한 간 거리의 비율입니다.)

7

식을 만들어 해결하기

하영이네 학교 학생 2100명 중에서 $\frac{1}{4}$은 태권도를 배우고, 그중 20 %는 축구도 배운다고 합니다. 태권도를 배우는 학생 중 축구를 배우지 않는 학생은 몇 명입니까?

8

조건을 따져 해결하기

태진이는 과학 시간에 진하기가 16 %인 소금물 150 g을 만들었습니다. 이 소금물에 물을 50 g 더 넣으면 소금물의 진하기는 몇 %가 됩니까?

9 세 마을의 포도 수확량을 조사하여 나타낸 그림그래프입니다. 세 마을의 포도 수확량의 합이 12.6 t일 때 그림그래프를 완성하시오.

마을별 포도 수확량

마을	수확량
가	
나	
다	

🍇 1000 kg
🍇 100 kg

10 준영이네 가족이 작년 여름 휴가 때 쓴 여행 경비 40만 원의 쓰임별 금액을 조사하여 나타낸 원그래프입니다. 올해 여름 휴가 때는 여행 경비를 50만 원으로 늘린다면 올해 숙박비는 작년 숙박비보다 얼마나 더 늘어납니까? (단, 작년 여름 휴가와 같은 비율로 숙박비를 정합니다.)

여행 경비의 쓰임별 금액

10점 X ____ 개 = ____ 점

문제풀이 동영상

1 어느 문구점에서 정가가 1500원인 볼펜 한 자루를 할인하여 1200원에 판매한다고 합니다. 볼펜 한 자루의 할인율을 백분율로 나타내시오.

2 수연이네 학교에서 이번 교내 수학 경시대회에 참가한 학생은 500명입니다. 그중 상을 받은 학생은 전체의 0.2이고, 상을 받은 학생 중 남학생은 45 %라고 합니다. 상을 받은 여학생은 몇 명입니까?

3 가 자동차는 4 L의 휘발유로 43 km를 가고, 나 자동차는 5 L의 휘발유로 54 km를 갑니다. 둘 중 연비가 더 높은 자동차의 기호를 쓰시오. (단, 연비는 자동차의 연료의 양에 대한 간 거리의 비율입니다.)

4 준희네 학교 특별 활동 반별 학생 수를 조사하여 나타낸 표입니다. 표를 보고 특별 활동 반별 학생 수를 원그래프로 나타내시오.

특별 활동 반별 학생 수

반	미술반	합창반	축구반	합계
학생 수 (명)	42	36	42	

특별 활동 반별 학생 수

5 한 변이 30 cm인 정사각형을 ㉮, ㉯ 두 부분으로 나눈 것입니다. ㉯의 넓이에 대한 ㉮의 넓이의 비율을 기약분수로 나타내시오.

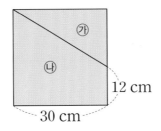

6 어느 가게에서 운동화 한 켤레를 15000원에 사와서 30 %의 이익을 붙여 정가를 정했다가 팔리지 않아 다시 정가의 10 %만큼 할인하여 판매하려고 합니다. 할인 후 운동화의 판매 가격은 얼마입니까?

7 유주네 반 학생들이 봉사활동으로 가고 싶어 하는 단체를 조사하여 나타낸 띠그래프입니다. 어린이집에 가고 싶은 학생 수와 농촌 돕기 동호회에 가고 싶은 학생 수의 비가 3 : 2일 때 유주네 반 학생의 $\frac{3}{10}$이 봉사활동으로 가고 싶어 하는 단체는 어디입니까?

봉사활동으로 가고 싶어 하는 단체별 학생 수

어린이집	노인정 (25 %)	장애인 협회 (25 %)	농촌 돕기 동호회

8 빈용기를 반납하여 받을 수 있는 빈용기 보증금은 2017년에 용량별로 다음과 같이 올랐습니다. ㉮와 ㉯ 중 빈용기 보증금의 인상률이 더 높은 용량의 기호를 쓰시오.

용량	인상 전 보증금 (원)	인상 후 보증금 (원)
㉮ 190 mL 이상 400 mL 미만	40	100
㉯ 400 mL 이상 1000 mL 미만	50	130

9 과일 가게에서 지난달에는 사과 3개를 4800원에 팔았고, 이번 달에는 사과 5개를 7200원에 팝니다. 이번 달 사과 한 개의 가격은 지난달 사과 한 개 가격의 몇 %만큼 할인되었습니까?

10 지역별 자동차 수를 조사하여 나타낸 그림그래프입니다. 다 지역 자동차 수는 가 지역의 자동차 수의 2배이고, 네 지역의 자동차 수의 합이 11700대일 때 그림그래프를 완성하시오.

지역별 자동차 수

지역	자동차 수
가	
나	🚗 🚗 🚗 🚗 ⋮ : : :
다	
라	🚗 🚗 🚗 🚗 🚗 🚗 🚗 🚗 ⋯

🚗 1000대
🚗 100대
• 10대

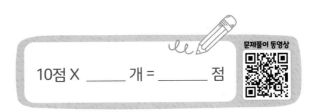

10점 X _____ 개 = _____ 점

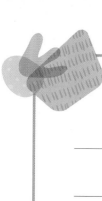

MEMO

15 다음 식이 성립하도록 ○ 안에 × 또는 ÷ 를 알맞게 써넣으시오.

$$7\frac{3}{5} \bigcirc 4 \bigcirc 2 = 3\frac{4}{5}$$

16 지수네 학교 6학년 학생들의 취미 생활을 조사하여 나타낸 원그래프입니다. 취미가 독서인 학생이 50명일 때 지수네 학교 6학년 학생은 모두 몇 명입니까?

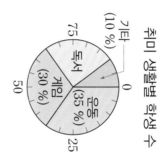

취미 생활별 학생 수

기타 (10 %), 독서, 운동 (35 %), 게임 (30 %)

17 수호와 진아가 자전거를 타고 있습니다. 각자 일정한 빠르기로 수호는 8분 동안 2.72 km를 가고, 진아는 11분 동안 3.52 km를 갑니다. 두 사람이 같은 지점에서 서로 반대 방향으로 동시에 출발한다면 20분 후 두 사람 사이의 거리는 몇 km입니까?

18 어느 지역의 마을별 쌀 생산량을 조사하여 나타낸 그림그래프입니다. 네 마을의 평균 쌀 생산량이 36.5 t일 때 라 마을의 쌀 생산량은 몇 t입니까?

마을별 쌀 생산량

마을	생산량	마을	생산량
가		다	
나		라	

10 t · 1 t · 0.1 t

19 오른쪽은 직육면체의 일부를 직육면체 모양만큼 잘라내고 남은 입체도형입니다. 잘라낸 직육면체의 부피는 처음 큰 직육면체 부피의 몇 %입니까?

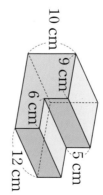

10 cm, 9 cm, 6 cm, 5 cm, 12 cm

20 한 상자에 똑같은 음료수가 9개씩 들어 있습니다. 음료수 6상자의 무게는 $42\frac{9}{10}$ kg이고, 빈 상자 한 개의 무게는 0.4 kg일 때 음료수 한 개의 무게는 몇 kg인지 기약분수로 나타내시오.

08

5장의 수 카드 중에서 3장을 한 번씩 사용하여 다음 나눗셈식을 만들려고 합니다. 구할 수 있는 가장 작은 몫을 소수로 나타내시오.

| 2 | 3 | 4 | 5 | 8 |

➡ □□ ÷ □

09

다음 직육면체와 부피가 같은 정육면체의 한 모서리의 길이는 몇 cm입니까?

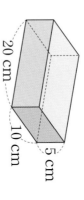

20 cm
10 cm
5 cm

10

미래 야구팀 선수들의 작년 기록을 나타낸 것입니다. 타율은 전체 타수에 대한 안타 수의 비율입니다. 타율이 가장 높은 선수의 이름을 쓰시오. (단, 타율은 전체 타수에 대한 안타 수의 비율입니다.)

	전체 타수	안타 수
감춘기	220타	66타
서인수	250타	70타
안민호	225타	72타

11

준영이네 농장의 작년 감 생산량은 재작년 감 생산량보다 15 % 줄었고, 올해 감 생산량은 작년 감 생산량보다 20 % 늘었습니다. 재작년 감 생산량이 600 kg일 때 준영이네 농장의 올해 감 생산량은 몇 kg입니까?

12

지역별 자동차 수를 조사하여 나타낸 그림그래프입니다. 자동차가 가장 많은 지역과 가장 작은 지역의 자동차 수의 차는 몇 대입니까?

서울·인천·경기
대전·세종·충청
광주·전라
제주
대구·울산
부산·경상

● 100만 대
● 10만 대
· 1만 대

13

오른쪽은 부피가 105 cm³인 직육면체입니다. 이 직육면체의 겉넓이는 몇 cm²입니까?

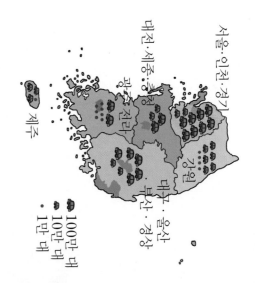

5 cm
3 cm

14

면이 9개이고 모서리의 길이가 모두 같은 각기둥이 있습니다. 이 각기둥의 한 모서리의 길이가 4 cm일 때 이 각기둥의 모든 모서리 길이의 합은 몇 cm입니까?

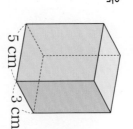

문제 해결력 TEST

시험 시간 40분 | 문항 수 20개

01

어떤 수를 13으로 나누어야 하는데 잘못하여 어떤 수에 13을 곱했더니 760.5가 되었습니다. 바르게 계산한 몫을 구하시오.

02

소금물에 대한 소금 양의 비율을 소금물의 진하기라고 합니다. 소금 30 g이 들어 있는 소금물 150 g이 있습니다. 이 소금물의 진하기는 몇 %입니까?

03

밑면의 모양이 오른쪽과 같은 각기둥이 있습니다. 이 각기둥과 꼭짓점의 수가 같은 각뿔의 이름을 쓰시오.

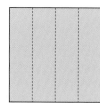

04

오른쪽 그림은 정사각형을 4등분한 것입니다. 나누어 만든 직사각형 한 개의 둘레가 $6\frac{3}{7}$ cm일 때 정사각형의 한 변의 길이는 몇 cm입니까?

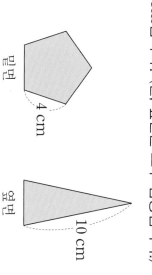

05

오른쪽 직육면체 모양 상자 안에 한 모서리의 길이가 1 cm인 정육면체 모양 캐러멜이 빈틈없이 채워져 있습니다. 이 캐러멜을 한 사람에게 5개씩 나누어 준다면 모두 몇 명에게 줄 수 있습니까? (단, 상자의 두께는 생각하지 않습니다.)

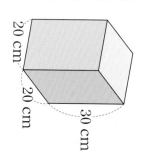

20 cm, 20 cm, 30 cm

06

은진이네 학교 6학년 학생 300명이 좋아하는 과목을 조사하여 나타낸 띠그래프입니다. 음악을 좋아하는 학생은 몇 명입니까?

좋아하는 과목별 학생 수

0	10	20	30	40	50	60	70	80	90	100 (%)
국어		수학		음악			영어		기타	

07

다음은 어느 각뿔의 밑면과 옆면의 모양입니다. 이 각뿔의 모든 모서리의 길이의 합은 몇 cm입니까? (단, 옆면은 모두 합동입니다.)

4 cm 밑면
10 cm 옆면

| 이름 |
| 학교 |
| 학년 |

곰세 어휘력 TEST

9학년 1학기

곰세어휘력곰잡이

퍼즐 학습으로 재미있게 초등 어휘력을 키우자!

어휘력을 키워야 문해력이 자랍니다.
문해력은 국어는 물론 모든 공부의 기본이 됩니다.

퍼즐런 시리즈로
재미와 학습 효과 두 마리 토끼를 잡으며,
문해력과 함께 공부의 기본을
확실하게 다져 놓으세요.

Fun! Puzzle! Learn!
재미있게!   퍼즐로!   배워요!

미래엔 초등 도서 목록

초코

교과서 달달 쓰기 · 교과서 달달 풀기
1~2학년 국어 · 수학 교과 학습력을 향상시키고
초등 코어를 탄탄하게 세우는 기본 학습서
[4책] 국어 1~2학년 학기별
[4책] 수학 1~2학년 학기별

미래엔 교과서 길잡이, 초코
초등 공부의 핵심[CORE]를 탄탄하게 해 주는
슬림 & 심플한 교과 필수 학습서
[8책] 국어 3~6학년 학기별, [8책] 수학 3~6학년 학기별
[8책] 사회 3~6학년 학기별, [8책] 과학 3~6학년 학기별

전과목 단원평가
빠르게 단원 핵심을 정리하고, 수준별 문제로 실전력을 키우는
교과 평가 대비 학습서
[8책] 3~6학년 학기별

문제 해결의 길잡이

원리 8가지 문제 해결 전략으로 문장제와 서술형 문제 정복
[12책] 1~6학년 학기별

심화 문장제 유형 정복으로 초등 수학 최고 수준에 도전
[6책] 1~6학년 학년별

퍼즐리

초등 필수 어휘를 퍼즐로 재미있게 익히는 학습서
[3책] 사자성어, 속담, 맞춤법

하루한장 예비 초등

한글완성
초등학교 입학 전 한글 읽기·쓰기 동시에 끝내기
[3책] 기본 자모음, 받침, 복잡한 자모음

예비초등
기본 학습 능력을 향상하며 초등학교 입학을 준비하기
[4책] 국어, 수학, 통합교과, 학교생활

하루한장 독해

독해 시작편
초등학교 입학 전 기본 문해력 익히기 30일 완성
[2책] 문장으로 시작하기, 짧은 글 독해하기

어휘
문해력의 기초를 다지는 초등 필수 어휘 학습서
[6책] 1~6학년 단계별

독해
국어 교과서와 연계하여 문해력의 기초를 다지는 독해 기본서
[6책] 1~6학년 단계별

독해+플러스
본격적인 독해 훈련으로 문해력을 향상시키는 독해 실전서
[6책] 1~6학년 단계별

비문학 독해 (사회편·과학편)
비문학 독해로 배경지식을 확장하고 문해력을 완성시키는
독해 심화서
[사회편 6책, 과학편 6책] 1~6학년 단계별

수학 상위권 진입을 위한 문장제 해결력 강화

문제 해결의 길잡이 원리

수학 6-1

바른답·알찬풀이

Mirae N 에듀

1장 수·연산

1 $\dfrac{3}{5}$

2 27.1, 2.71 / 11.3, 1.13

3 3, $\dfrac{1}{3}$, $\dfrac{2}{15}$

4 $\dfrac{945}{10} \div 5 = \dfrac{945 \div 5}{10} = \dfrac{189}{10} = 18.9$

5 $\dfrac{18}{5} \div 9 = \dfrac{18}{5} \times \dfrac{1}{\overset{1}{\underset{}{9}}} = \dfrac{2}{5}$

6
```
        7. 0 6
   5 ) 3 5. 3
        3 5
           3 0
           3 0
              0
```

7 ㉢   **8** ㉡, ㉢, ㉠

4 소수를 분수로 바꾸어 계산하고 몫을 다시 소수로 나타냅니다.

5 대분수를 가분수로 바꾸고 나눗셈을 곱셈으로 바꾸어 계산합니다.

6 나누어지는 수가 나누는 수보다 작은 경우에는 몫에 0을 쓰고 수를 하나 더 내려 계산합니다.

7 $\dfrac{9}{11} \div 8 = \dfrac{9}{11} \times \dfrac{1}{8} = \dfrac{9}{88}$

㉠ $\dfrac{9}{11} \times 8 = \dfrac{72}{11} = 6\dfrac{6}{11}$, ㉡ $\dfrac{11}{9} \times \dfrac{1}{8} = \dfrac{11}{72}$,

㉢ $\dfrac{9}{11} \times \dfrac{1}{8} = \dfrac{9}{88}$

8 ㉠ $8 \div 5 = \dfrac{8}{5} = 1\dfrac{3}{5}$

㉡ $18 \div 4 = \dfrac{18}{4} = \dfrac{9}{2} = 4\dfrac{1}{2}$

㉢ $30 \div 8 = \dfrac{30}{8} = \dfrac{15}{4} = 3\dfrac{3}{4}$

➡ ㉡ $4\dfrac{1}{2}$ > ㉢ $3\dfrac{3}{4}$ > ㉠ $1\dfrac{3}{5}$

다른 풀이

㉠ $8 \div 5 = 1.6$, ㉡ $18 \div 4 = 4.5$, ㉢ $30 \div 8 = 3.75$

➡ ㉡ 4.5 > ㉢ 3.75 > ㉠ 1.6

식을 만들어 해결하기

익히기

1   분수의 나눗셈

문제 분석 한 가구에 줄 수 있는 주스는 몇 L

2 / 5

해결 전략 (곱셈식) / 나눗셈식

풀이 ❶ 2, 2, $8\dfrac{1}{3}$

❷ $8\dfrac{1}{3}$, 5 / 25, 5, $1\dfrac{2}{3}$

답 $1\dfrac{2}{3}$

2   소수의 나눗셈

문제 분석 휘발유 1 L로 더 멀리 갈 수 있는 자동차는 어느 것

9 / 8, 109.2

해결 전략 (나눗셈식)

풀이 ❶ 9 / 9, 12.7 / 8 / 109.2, 8, 13.65

❷ 12.7, 13.65 / (나)

답 나

적용하기

1   분수의 나눗셈

❶ (한 바구니에 담은 감자의 무게)

= (전체 감자의 무게) ÷ (바구니 수)

$= 8\dfrac{3}{4} \div 7 = \dfrac{\overset{5}{\underset{}{35}}}{4} \times \dfrac{1}{\overset{}{\underset{1}{7}}} = \dfrac{5}{4}$ (kg)

❷ (하루에 먹은 감자의 무게)
　＝(한 바구니에 담은 감자의 무게)
　　÷(나누어 먹은 날수)
　＝$\dfrac{5}{4}\div3=\dfrac{5}{4}\times\dfrac{1}{3}=\dfrac{5}{12}$ (kg)

답　$\dfrac{5}{12}$ kg

2
분수의 나눗셈
❶ (천 한 조각의 넓이)＝(전체 천의 넓이)÷9
　　　　　　　　　＝$8\div9=\dfrac{8}{9}$ (m²)
❷ (천 4조각의 넓이)＝(천 한 조각의 넓이)×4
　　　　　　　＝$\dfrac{8}{9}\times4=\dfrac{32}{9}=3\dfrac{5}{9}$ (m²)

답　$3\dfrac{5}{9}$ m²

3
소수의 나눗셈
❶ (하루 동안 사용한 물의 양)
　＝(일주일 동안 사용한 물의 양)÷7
　＝$150.15\div7=21.45$ (L)
❷ (3일 동안 사용한 물의 양)
　＝(하루 동안 사용한 물의 양)×3
　＝$21.45\times3=64.35$ (L)

답　64.35 L

4
소수의 나눗셈
❶ (쇠구슬 12개의 무게)
　＝(쇠구슬 12개가 들어 있는 상자의 무게)
　　－(빈 상자의 무게)
　＝$15.2-0.8=14.4$ (kg)
❷ (쇠구슬 한 개의 무게)
　＝(쇠구슬 12개의 무게)÷12
　＝$14.4\div12=1.2$ (kg)

답　1.2 kg

5
분수의 나눗셈
❶ (나눈 한 칸의 넓이)
　＝(전체 종이의 넓이)÷(나눈 칸 수)
　＝$56\div16=\dfrac{56}{16}=\dfrac{7}{2}$ (cm²)

❷ 색칠한 부분은 모두 6칸이므로
　(색칠한 부분의 넓이)
　＝(나눈 한 칸의 넓이)×(색칠한 칸 수)
　＝$\dfrac{7}{\overset{}{\underset{1}{2}}}\times\overset{3}{6}=21$ (cm²)입니다.

답　21 cm²

6
분수의 나눗셈
❶ (장난감 한 상자의 무게)
　＝(장난감 6상자의 무게)÷6
　＝$14\dfrac{2}{5}\div6=\dfrac{\overset{12}{72}}{5}\times\dfrac{1}{\underset{1}{6}}=\dfrac{12}{5}$ (kg)
❷ (장난감 9개의 무게)
　＝(장난감 한 상자의 무게)
　　－(빈 상자 한 개의 무게)
　＝$\dfrac{12}{5}-\dfrac{3}{5}=\dfrac{9}{5}$ (kg)
❸ (장난감 한 개의 무게)
　＝(장난감 9개의 무게)÷9
　＝$\dfrac{9}{5}\div9=\dfrac{9\div9}{5}=\dfrac{1}{5}$ (kg)

답　$\dfrac{1}{5}$ kg

주의 빈 상자의 무게도 생각해야 합니다.

7
분수의 나눗셈
❶ **한 자루에 담은 콩의 무게는 몇 kg인지 구하기**
　(한 자루에 담은 콩의 무게)
　＝(전체 콩의 무게)÷(자루 수)
　＝$8\dfrac{1}{8}\div5=\dfrac{\overset{13}{65}}{8}\times\dfrac{1}{\underset{1}{5}}=\dfrac{13}{8}$ (kg)

❷ **한 사람이 갖는 콩의 무게는 몇 kg인지 구하기**
　(한 사람이 갖는 콩의 무게)
　＝(한 자루에 담은 콩의 무게)÷(사람 수)
　＝$\dfrac{13}{8}\div8=\dfrac{13}{8}\times\dfrac{1}{8}=\dfrac{13}{64}$ (kg)

답　$\dfrac{13}{64}$ kg

8

❶ 양초가 1분 동안 타는 길이는 몇 cm인지 구하기
(양초가 1분 동안 타는 길이)
＝(양초가 5분 동안 타는 길이)÷5
＝2.8÷5＝0.56 (cm)

❷ 양초가 9분 동안 타는 길이는 몇 cm인지 구하기
(양초가 9분 동안 타는 길이)
＝(양초가 1분 동안 타는 길이)×9
＝0.56×9＝5.04 (cm)

답 5.04 cm

9

❶ 금 1돈의 무게는 몇 g인지 구하기
(금 1돈의 무게)＝(금 7돈의 무게)÷7
　　　　　　　＝26.25÷7＝3.75 (g)

❷ 다이아몬드 1캐럿의 무게는 몇 g인지 구하기
(다이아몬드 1캐럿의 무게)
＝(다이아몬드 12캐럿의 무게)÷12
＝2.4÷12＝0.2 (g)

❸ 반지의 무게는 g인지 구하기
(반지의 무게)
＝(금 1돈의 무게)×3＋(다이아몬드 1캐럿의 무게)×2
＝3.75×3＋0.2×2＝11.25＋0.4
＝11.65 (g)

답 11.65 g

그림을 그려 해결하기

익히기 16~17쪽

1

문제 분석 비커 한 개에 담은 소금물은 몇 L
3 / 2

해결 전략 3 / 2

풀이 ❷ 예 수조 한 개에 담은 소금물의 양
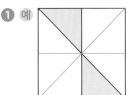

❸ 6 / 6, 0.4

답 0.4

2

문제 분석 식빵 한 개를 만드는 데 사용한 밀가루는 몇 kg
$1\frac{2}{3}$ / 6 / 5

해결 전략 5

풀이 ❶

❷ $1\frac{2}{3}$, 6, 5, 5, 6, 5, 2

답 2

적용하기 18~21쪽

1

❶ 예
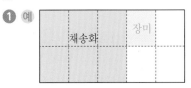

❷ 색칠한 부분은 정사각형을 똑같이 8로 나눈 것 중의 2입니다.
(색칠한 부분의 넓이)
＝(정사각형의 넓이)÷8×2
$$=7\frac{1}{5}\div8\times2=\frac{\overset{9}{\cancel{36}}}{5}\times\frac{1}{\underset{2}{\cancel{8}}}\times\overset{1}{\cancel{2}}=\frac{9}{5}$$
$$=1\frac{4}{5}\ (\text{cm}^2)$$

답 $1\frac{4}{5}$ cm²

2

❶ 예

	채송화	장미	

❷ 아무것도 심지 않은 부분은 꽃밭 전체를 똑같이 10으로 나눈 것 중 3입니다.

(아무것도 심지 않은 부분의 넓이)
$=$(전체 꽃밭의 넓이)$\div 10 \times 3$

$=15\frac{1}{3}\div 10\times 3=\frac{\overset{23}{\cancel{46}}}{\underset{1}{\cancel{3}}}\times\frac{1}{\underset{5}{\cancel{10}}}\times\overset{1}{\cancel{3}}=\frac{23}{5}$

$=4\frac{3}{5}\ (m^2)$

답 $4\frac{3}{5}\ m^2$

3

❶ 예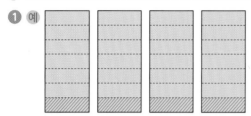

❷ (하루에 사용한 올리브유 양)
= (한 병에 들어 있는 올리브유 양)×(병 수)
    ÷(사용한 날수)
$=1.4\times 4\div 7=5.6\div 7=0.8\ (L)$

답 $0.8\ L$

4

❶ (버스가 1분 동안 가는 거리)
= (버스가 40분 동안 가는 거리)$\div 40$
$=55.6\div 40=1.39\ (km)$
(승용차가 1분 동안 가는 거리)
= (승용차가 25분 동안 가는 거리)$\div 25$
$=23.5\div 25=0.94\ (km)$

❷ 버스 /
(1분 후 버스와 승용차 사이의 거리)
= (버스가 1분 동안 가는 거리)
    +(승용차가 1분 동안 가는 거리)
$=1.39+0.94=2.33\ (km)$

답 $2.33\ km$

참고 서로 반대 방향으로 이동하므로 시간이 갈수록 버스와 승용차 사이의 거리가 멀어집니다. 따라서 서로 반대 방향으로 동시에 출발한 지 1분 후 버스와 승용차 사이의 거리는 버스와 승용차가 각각 1분 동안 간 거리의 합과 같습니다.

5

❶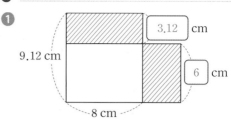

❷ 직사각형의 가로를 ■ cm만큼 늘여서 그렸다고 하면 빗금 친 두 직사각형의 넓이는 같으므로 $8\times 3.12=$■$\times 6$이므로 ■$\times 6=24.96$, ■$=24.96\div 6=4.16\ (cm)$입니다.
따라서 시헌이는 가로를 4.16 cm 늘여서 그렸습니다.

답 $4.16\ cm$

6

❶ (기차가 터널을 완전히 통과하는 거리)
= (터널의 길이)+(기차의 길이)
$=420+112=532\ (m)$

❷ (걸리는 시간)
= (기차가 터널을 완전히 통과하는 거리)
    ÷(기차가 1분 동안 가는 거리)
$=532\div 2660=0.2$(분)
➡ 0.2분$=\frac{2}{10}$분$=\frac{12}{60}$분$=12$초

답 12초

7

❶ 가장 짧은 리본 도막의 길이를 그림으로 나타내기
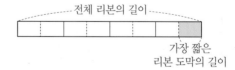

❷ 가장 짧은 리본 도막의 길이는 몇 cm인지 구하기
가장 짧은 리본 도막의 길이는 전체 리본의 길이를 똑같이 8로 나눈 것 중 하나입니다.
(가장 짧은 리본 도막의 길이)
= (전체 리본의 길이)$\div 8=85.6\div 8$
$=10.7\ (cm)$

답 $10.7\ cm$

8

❶ 정삼각형을 크기가 같은 정삼각형 4개로 나누기

크기가 같은 작은 정삼각형 모양 4개가 되도록 나누면 오른쪽 그림과 같습니다.

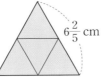

$6\frac{2}{5}$ cm

❷ 작은 정삼각형의 한 변의 길이는 몇 cm인지 구하기

(작은 정삼각형의 한 변의 길이)
=(큰 정삼각형의 한 변의 길이)÷2

$$=6\frac{2}{5}\div 2=\frac{\overset{16}{\cancel{32}}}{5}\times\frac{1}{\underset{1}{\cancel{2}}}=\frac{16}{5}\ (cm)$$

❸ 작은 정삼각형 한 개의 둘레는 몇 cm인지 구하기

(작은 정삼각형 한 개의 둘레)
=(작은 정삼각형의 한 변의 길이)×3

$$=\frac{16}{5}\times 3=\frac{48}{5}=9\frac{3}{5}\ (cm)$$

답 $9\frac{3}{5}$ cm

9

❶ 아린이가 8분 동안 달린 거리는 몇 km인지 구하기

(아린이가 8분 동안 달린 거리)
=(아린이가 1분 동안 달린 거리)×8
=0.34×8=2.72 (km)

❷ 주호가 8분 동안 달린 거리는 몇 km인지 구하기

(연못의 둘레)=(아린이가 8분 동안 달린 거리)+(주호가 8분 동안 달린 거리)=5 (km)
이므로
2.72+(주호가 8분 동안 달린 거리)=5,
(주호가 8분 동안 달린 거리)=5-2.72
=2.28 (km)입니다.

❸ 주호가 1분 동안 달린 거리는 몇 km인지 구하기

(주호가 1분 동안 달린 거리)
=(주호가 8분 동안 달린 거리)÷8
=2.28÷8=0.285 (km)

답 0.285 km

거꾸로 풀어 해결하기

익히기
22~23쪽

1

문제 분석 어떤 수를 5로 나눈 몫
4, 7

해결 전략 (나눗셈)/(곱셈)

풀이 ❶ 4, 7

❷ 7, 4, 49, 7, 4, $4\frac{2}{3}$

❸ $4\frac{2}{3}$ / $4\frac{2}{3}$, 14, 5, $\frac{14}{15}$

답 $\frac{14}{15}$

2

문제 분석 이 삼각형의 높이는 몇 cm
36.3

풀이 ❶ 2, 36.3

❷ 36.3, 2 / 72.6, 6.05 / 6.05

답 6.05

적용하기
24~27쪽

1

❶ □×16=99.84

❷ 곱셈식 □×16=99.84를 나눗셈식으로 바꾸어 나타내면 99.84÷16=□이므로 □=6.24입니다.

❸ 어떤 수는 6.24이므로 어떤 수를 16으로 나눈 몫은 6.24÷16=0.39입니다.

답 0.39

2

❶ ㉢×5=32이고 곱셈식을 나눗셈식으로 바꾸어 나타내면 ㉢=32÷5=$\frac{32}{5}$=$6\frac{2}{5}$입니다.

❷ ㉢=$6\frac{2}{5}$이므로 ㉡÷$\frac{1}{4}$=$6\frac{2}{5}$이고 나눗셈식을 곱셈식으로 바꾸어 나타내면

$\Box = 6\dfrac{2}{5} \times \dfrac{1}{4} = \dfrac{\overset{8}{\cancel{32}}}{5} \times \dfrac{1}{\underset{1}{\cancel{4}}} = \dfrac{8}{5} = 1\dfrac{3}{5}$ 입니다.

❸ $\Box = 1\dfrac{3}{5}$ 이므로 $\bigcirc \times 6 = 1\dfrac{3}{5}$ 이고

곱셈식을 나눗셈식으로 바꾸어 나타내면

$\bigcirc = 1\dfrac{3}{5} \div 6 = \dfrac{\overset{4}{\cancel{8}}}{5} \times \dfrac{1}{\underset{3}{\cancel{6}}} = \dfrac{4}{15}$ 입니다.

답 $\dfrac{4}{15}$

3
분수의 나눗셈

❶ (사다리꼴의 넓이)
　 =((윗변의 길이)+(아랫변의 길이))×(높이)÷2
　 이므로 사다리꼴의 높이를 $\Box$ cm라 하면
　 (사다리꼴의 넓이)
　 =(5+9)×$\Box$÷2=$30\dfrac{4}{5}$ (cm²)입니다.

❷ $(5+9) \times \Box \div 2 = 30\dfrac{4}{5}$, $14 \times \Box \div 2 = 30\dfrac{4}{5}$

의 계산 과정을 거꾸로 생각하여 계산해 봅니다.

$30\dfrac{4}{5} \times 2 \div 14 = \Box$,

$\Box = \dfrac{\overset{11}{\cancel{154}}}{5} \times 2 \times \dfrac{1}{\underset{1}{\cancel{14}}} = \dfrac{22}{5} = 4\dfrac{2}{5}$

따라서 사다리꼴의 높이는 $4\dfrac{2}{5}$ cm입니다.

답 $4\dfrac{2}{5}$ cm

4
소수의 나눗셈

❶ (양초가 8분 동안 타는 길이)
　 =(불을 붙이기 전 양초의 길이)
　 　 −(8분 후 양초의 길이)
　 =25−19=6 (cm)

❷ (양초가 1분 동안 타는 길이)
　 =(양초가 8분 동안 타는 길이)÷8
　 =6÷8=0.75 (cm)

답 0.75 cm

5
분수의 나눗셈

❶ ㉮×6=$15\dfrac{3}{5}$

➡ ㉮ $= 15\dfrac{3}{5} \div 6 = \dfrac{\overset{13}{\cancel{78}}}{5} \times \dfrac{1}{\underset{1}{\cancel{6}}} = \dfrac{13}{5} = 2\dfrac{3}{5}$

❷ $9 \times ㉯ = 4\dfrac{2}{7}$

➡ ㉯ $= 4\dfrac{2}{7} \div 9 = \dfrac{\overset{10}{\cancel{30}}}{7} \times \dfrac{1}{\underset{3}{\cancel{9}}} = \dfrac{10}{21}$

❸ ㉮ $\times ㉯ \div 2 = 2\dfrac{3}{5} \times \dfrac{10}{21} \div 2$

　 $= \dfrac{\overset{1}{\cancel{13}}}{\underset{1}{\cancel{5}}} \times \dfrac{\overset{2}{\cancel{10}}}{21} \times \dfrac{1}{\underset{1}{\cancel{2}}} = \dfrac{13}{21}$

답 $\dfrac{13}{21}$

6
분수의 나눗셈

❶ (노트북 5대의 무게)
　 =(노트북 한 대의 무게)×5
　 $= 2\dfrac{2}{3} \times 5 = \dfrac{8}{3} \times 5 = \dfrac{40}{3} = 13\dfrac{1}{3}$ (kg)

❷ (휴대전화 25대의 무게)
　 =(노트북 5대와 휴대전화 25대의 무게)
　 　 −(노트북 5대의 무게)
　 $= 17\dfrac{1}{2} - 13\dfrac{1}{3} = 17\dfrac{3}{6} - 13\dfrac{2}{6} = 4\dfrac{1}{6}$ (kg)

❸ (휴대전화 한 대의 무게)
　 =(휴대전화 25대의 무게)÷25
　 $= 4\dfrac{1}{6} \div 25 = \dfrac{25 \div 25}{6} = \dfrac{1}{6}$ (kg)

답 $\dfrac{1}{6}$ kg

7
소수의 나눗셈

❶ **어떤 수를 $\Box$라 하여 곱셈식 만들기**
　 $\Box \times 8 = 98$

❷ **어떤 수 구하기**
　 곱셈식 $\Box \times 8 = 98$을 나눗셈식으로 바꾸어 나타내면 $98 \div 8 = \Box$이므로 $\Box = 12.25$입니다.

❸ **어떤 수를 5로 나눈 몫 구하기**
　 어떤 수는 12.25이므로 12.25를 5로 나눈 몫은 $12.25 \div 5 = 2.45$입니다.

답 2.45

8

❶ 평행사변형의 밑변의 길이가 5 cm일 때 높이는 몇 cm인지 구하기

(평행사변형의 넓이)=(밑변의 길이)×(높이)
=5×(높이)=64.4 (cm²)이므로
(높이)=64.4÷5=12.88 (cm)입니다.

❷ 직각삼각형의 넓이는 몇 cm²인지 구하기

길이가 3 cm인 변을 직각삼각형의 밑변으로 하면 직각삼각형의 높이는 12.88 cm입니다.
➡ (직각삼각형의 넓이)
=(밑변의 길이)×(높이)÷2
=3×12.88÷2=19.32 (cm²)

답 19.32 cm^2

9

❶ 페인트 두 통으로 칠할 수 있는 넓이는 몇 m²인지 구하기

(페인트 두 통으로 칠할 수 있는 넓이)
=(페인트 한 통으로 칠할 수 있는 넓이)×2
$=9\frac{1}{6}×2=\frac{55}{\overset{}{6}}×\overset{1}{2}=\frac{55}{3}$ (m²)

❷ 칠한 벽면의 세로는 몇 m인지 구하기

(벽면의 넓이)=5×(벽면의 세로)=$\frac{55}{3}$ (m²)
이므로
(벽면의 세로)=$\frac{55}{3}÷5=\frac{55÷5}{3}=\frac{11}{3}$
$=3\frac{2}{3}$ (m)입니다.

답 $3\frac{2}{3}$ m

조건을 따져 해결하기

익히기
28~29쪽

1

문제 분석 ■에 알맞은 수는 모두 몇 개입니까?
(크고), (작은)

풀이 ❶ 3.02 / 3.07
❷ 3.02, 3.07 / ③,④,⑤,⑥ / 4

답 4

2

문제 분석 ■에 들어갈 수 있는 수 중 가장 작은 자연수

해결 전략 1

풀이 ❶ $\frac{1}{11}$, $\frac{3}{8}$
❷ $\frac{3}{8}$, 8 / 8 / 8

답 8

적용하기
30~33쪽

1

❶ 나누어지는 수가 클수록 나누는 수가 작을수록 몫이 큽니다.
네 수의 크기를 비교해 보면 8>7>5>2입니다.
• 나누어지는 수: 세 수 8, 7, 5로 만들 수 있는 가장 큰 소수인 87.5
• 나누는 수: 가장 작은 수인 2

❷ 87.5÷2=43.75

답 43.75

2

❶ $8\frac{2}{5}÷6=\frac{\overset{7}{42}}{5}×\frac{1}{\underset{1}{6}}=\frac{7}{5}=1\frac{2}{5}$

❷ $10\frac{2}{7}÷2=\frac{\overset{36}{72}}{7}×\frac{1}{\underset{1}{2}}=\frac{36}{7}=5\frac{1}{7}$

❸ $1\frac{2}{5}$보다 크고 $5\frac{1}{7}$보다 작은 자연수는 2, 3, 4, 5로 모두 4개입니다.

답 4개

3

❶ $2\frac{7}{9}÷5×\square=\frac{\overset{5}{25}}{9}×\frac{1}{\underset{1}{5}}×\square=\frac{5}{9}×\square$

❷ $\dfrac{5}{9} \times \square$의 계산 결과가 자연수가 되려면

$\square$ 안에 9의 배수가 들어가야 합니다.

따라서 $\square$ 안에 들어갈 수 있는 수 중 가장 작은 수는 9의 배수 중에서 가장 작은 수인 9입니다.

답 9

4

❶ 나누어지는 수가 작을수록 나누는 수가 클수록 몫이 작습니다.

네 수의 크기를 비교해 보면 $3 < 6 < 7 < 9$입니다.

• 나누는 수: 네 수 중 가장 큰 수인 9

• 나누어지는 수: 세 수 3, 6, 7로 만들 수 있는 가장 작은 대분수인 $3\dfrac{6}{7}$입니다.

❷ $3\dfrac{6}{7} \div 9 = \dfrac{\overset{3}{\cancel{27}}}{7} \times \dfrac{1}{\cancel{9}} = \dfrac{3}{7}$

답 $\dfrac{3}{7}$

5

❶ 수직선에서 $1\dfrac{3}{5}$부터 $5\dfrac{1}{5}$ 사이가 눈금 4칸으로 나누어져 있습니다.

(수직선의 눈금 한 칸의 크기)

$= (5\dfrac{1}{5} - 1\dfrac{3}{5}) \div 4 = (4\dfrac{6}{5} - 1\dfrac{3}{5}) \div 4$

$= 3\dfrac{3}{5} \div 4 = \dfrac{\overset{9}{\cancel{18}}}{5} \times \dfrac{1}{\cancel{4}} = \dfrac{9}{10}$

❷ ㉠은 $1\dfrac{3}{5}$보다 눈금 한 칸만큼 큰 수이고 눈금 한 칸의 크기는 $\dfrac{9}{10}$이므로 ㉠이 나타내는 수는

$1\dfrac{3}{5} + \dfrac{9}{10} = 1\dfrac{6}{10} + \dfrac{9}{10} = 1\dfrac{15}{10} = 2\dfrac{5}{10}$
$= 2\dfrac{1}{2}$입니다.

답 $2\dfrac{1}{2}$

6

❶ 나누는 수가 작을수록 몫이 커지고, 곱하는 수가 클수록 곱이 커집니다.

$1\dfrac{3}{7} \div ● \times ▲$의 계산 결과가 가장 크게 되려면 나누는 수 ●는 가장 작아야 하고, 곱하는 수 ▲는 가장 커야 합니다. 수의 크기를 비교해 보면 $2 < 3 < 4 < 5 < 6$이므로 ●에 알맞은 수는 2이고, ▲에 알맞은 수는 6입니다.

❷ $1\dfrac{3}{7} \div ● \times ▲ = 1\dfrac{3}{7} \div 2 \times 6$

$= \dfrac{\overset{5}{\cancel{10}}}{7} \times \dfrac{1}{\cancel{2}} \times 6 = \dfrac{30}{7} = 4\dfrac{2}{7}$

답 $4\dfrac{2}{7}$

7

❶ **몫이 가장 작게 되도록 나누어지는 수와 나누는 수 만들기**

나누어지는 수가 작을수록 나누는 수가 클수록 몫이 작습니다.

네 수의 크기를 비교해 보면 $3 < 4 < 7 < 8$입니다.

• 나누는 수: 네 수 중 가장 큰 수인 8

• 나누어지는 수: 3, 4로 만들 수 있는 가장 작은 소수인 3.4

❷ **나눗셈식의 가장 작은 몫 구하기**

$3.4 \div 8 = 0.425$

답 0.425

8

❶ **주어진 나눗셈식을 곱셈식으로 나타내기**

$\dfrac{가}{나} = 가 \div 나$이므로

$\dfrac{가}{나} \div 나 = 가 \div 나 \div 나 = 가 \times \dfrac{1}{나} \times \dfrac{1}{나}$입니다.

❷ **계산한 값을 기약분수로 나타내기**

가에 $6\dfrac{2}{5}$, 나에 4를 넣어 계산해 보면

$6\dfrac{2}{5} \times \dfrac{1}{4} \times \dfrac{1}{4} = \dfrac{\overset{2}{\cancel{32}}}{5} \times \dfrac{1}{\cancel{4}} \times \dfrac{1}{\cancel{4}} = \dfrac{2}{5}$입니다.

답 $\dfrac{2}{5}$

9

❶ 수직선에서 눈금 한 칸의 크기 구하기

수직선에서 $5\dfrac{2}{7}$부터 $8\dfrac{6}{7}$ 사이가 눈금 5칸으로 나누어져 있습니다.

(수직선의 눈금 한 칸의 크기)

$$=(8\dfrac{6}{7}-5\dfrac{2}{7})\div5=3\dfrac{4}{7}\div5=\dfrac{\overset{5}{\cancel{25}}}{7}\times\dfrac{1}{\underset{1}{\cancel{5}}}=\dfrac{5}{7}$$

❷ ㉠이 나타내는 수 구하기

㉠은 $5\dfrac{2}{7}$보다 눈금 두 칸만큼 큰 수이고 눈금 한 칸의 크기는 $\dfrac{5}{7}$이므로 ㉠이 나타내는 수는

$$5\dfrac{2}{7}+\left(\dfrac{5}{7}\times2\right)=5\dfrac{2}{7}+\dfrac{10}{7}=5\dfrac{2}{7}+1\dfrac{3}{7}$$
$$=6\dfrac{5}{7}\text{입니다.}$$

답 $6\dfrac{5}{7}$

단순화하여 해결하기

익히기

1

문제 분석 나무와 나무 사이의 거리는 몇 m

45 / 37

풀이 ❶ 2 / 3 / 36

❷ 45, 36, 1.25

답 1.25

2

문제 분석 이 일을 아라와 민우가 함께 하면 일을 모두 마치는 데 며칠이 걸립니까

6 / 12

풀이 ❶ 6, $\dfrac{1}{6}$ / 12, $\dfrac{1}{12}$

❷ $\dfrac{1}{6}$, $\dfrac{1}{12}$, $\dfrac{1}{4}$

❸ $\dfrac{1}{4}$ / 4

답 4

참고 (두 사람이 함께 하루 동안 하는 일의 양)×(일을 마치는 데 걸리는 날수)$=\dfrac{1}{4}\times4=1$이므로 두 사람이 함께 일을 하면 일을 모두 마치는 데 4일이 걸립니다.

적용하기

1

❶ 밧줄을 1번 자르면 1+1=2(도막)이 되고, 밧줄을 2번 자르면 2+1=3(도막)이 됩니다.
➡ 밧줄을 13번 자르면 13+1=14(도막)이 됩니다.

❷ (잘라 만든 밧줄 한 도막의 길이)
=(전체 밧줄의 길이)÷(나눈 도막 수)
=88.2÷14=6.3 (m)

답 6.3 m

2

❶ 표지판을 3개 설치하면 표지판과 표지판 사이의 간격은 3−1=2(군데) 생기고, 표지판을 4개 설치하면 표지판과 표지판 사이의 간격은 4−1=3(군데) 생깁니다.
➡ 표지판을 9개 설치하면 표지판과 표지판 사이의 간격은 9−1=8(군데) 생깁니다.

❷ (표지판과 표지판 사이의 거리)
=(도로 한쪽의 길이)÷(표지판 사이의 간격 수)
$$=4\dfrac{4}{5}\div8=\dfrac{\overset{3}{\cancel{24}}}{5}\times\dfrac{1}{\underset{1}{\cancel{8}}}=\dfrac{3}{5}\text{ (km)}$$

답 $\dfrac{3}{5}$ km

3

❶ 일주일은 7일이므로
(시계가 하루 동안 늦게 가는 시간)
=(시계가 일주일 동안 늦게 가는 시간)÷7
=8.4÷7=1.2(분)입니다.

② (시계가 10일 동안 늦게 가는 시간)
=(시계가 하루 동안 늦게 가는 시간)×10
=1.2×10=12(분)

답 12분

4

① 리본 2도막을 이어 붙이면 겹치는 부분은
2−1=1(군데)이므로 리본 3도막을 이어 붙
이면 겹치는 부분은 3−1=2(군데)입니다.
(겹치는 부분의 길이의 합)
=(겹치는 부분의 길이)×2=1.5×2=3 (cm)

② (이어 붙여 만든 리본의 전체 길이)
=(리본 3도막의 길이의 합)
−(겹치는 부분의 길이의 합)
=(리본 3도막의 길이의 합)−3=81.6 (cm)
이므로
(리본 3도막의 길이의 합)=81.6+3
=84.6 (cm)입니다.

③ (리본 한 도막의 길이)
=(리본 3도막의 길이의 합)÷3
=84.6÷3=28.2 (cm)

답 28.2 cm

5

① 전체 일의 양을 1로 생각합니다.
(시율이가 하루 동안 하는 일의 양)
=1÷(시율이가 혼자서 일을 하는 데 걸리는 날수)
$=1\div6=\dfrac{1}{6}$
(채희가 하루 동안 하는 일의 양)
=1÷(채희가 혼자서 일을 하는 데 걸리는 날수)
$=1\div3=\dfrac{1}{3}$

② (두 사람이 함께 하루 동안 하는 일의 양)
=(시율이가 하루 동안 하는 일의 양)
+(채희가 하루 동안 하는 일의 양)
$=\dfrac{1}{6}+\dfrac{1}{3}=\dfrac{1}{2}$

③ 두 사람이 함께 일을 하면 하루 동안 전체 일
의 $\dfrac{1}{2}$을 할 수 있으므로 일을 모두 마치는 데
2일이 걸립니다.

답 2일

참고 (두 사람이 함께 하루 동안 하는 일의 양)×
(일을 마치는 데 걸리는 날수)$=\dfrac{1}{2}\times2=1$이므
로 두 사람이 함께 일을 하면 일을 모두 마치는
데 2일이 걸립니다.

6

①

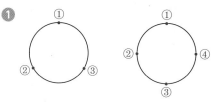

깃발을 3개 설치하면 깃발과 깃발 사이의 간
격은 3군데 생기고, 깃발을 4개 설치하면 깃
발과 깃발 사이의 간격은 4군데 생깁니다.
➡ 깃발을 24개 설치하면 깃발과 깃발 사이의
간격은 24군데 생깁니다.

② (깃발과 깃발 사이의 거리)
=(호수의 둘레)÷(깃발과 깃발 사이의 간격 수)
=6÷24=0.25 (km)

답 0.25 km

7

① **색 테이프 17장을 이어 붙일 때 겹치는 부분의**
합은 몇 cm인지 구하기
색 테이프 17장을 이어 붙일 때 겹치는 부분
은 17−1=16(군데)입니다.
(겹치는 부분의 길이의 합)
=(겹치는 부분의 길이)×16
$=1\dfrac{3}{8}\times16=\dfrac{11}{\underset{1}{8}}\times\overset{2}{16}=22$ (cm)

② **색 테이프 17장의 길이의 합은 몇 cm인지 구하기**
(이어 붙여 만든 색 테이프의 전체 길이)
=(색 테이프 17장의 길이의 합)
−(겹치는 부분의 길이의 합)
=(색 테이프 17장의 길이의 합)−22
=41 (cm)이므로
(색 테이프 17장의 길이의 합)=41+22
=63 (cm)입니다.

③ **색 테이프 한 장의 길이는 몇 cm인지 구하기**
(색 테이프 한 장의 길이)
=(색 테이프 17장의 길이의 합)÷17

$$=63 \div 17 = \frac{63}{17} = 3\frac{12}{17} \text{ (cm)}$$

답 $3\frac{12}{17}$ cm

8
소수의 나눗셈

❶ **시계가 하루 동안 몇 분씩 빨리 가는지 구하기**

2주일은 14일이므로

(시계가 하루 동안 빨리 가는 시간)
=(시계가 2주일 동안 빨리 가는 시간)÷14
=24.5÷14=1.75(분)입니다.

➡ 1.75분$=1\frac{75}{100}$ 분$=1\frac{3}{4}$ 분$=1\frac{45}{60}$ 분
$=1$분 45초

❷ **내일 오전 10시에 시계가 가리키는 시각은 몇 시 몇 분 몇 초인지 구하기**

하루에 1분 45초만큼 빨리 가므로
내일 오전 10시에 이 시계가 가리키는 시각은 10시 1분 45초입니다.

답 10시 1분 45초

참고 빨리 가는 시계는 정확한 시각보다 이후의 시각을 가리킵니다.

9
분수의 나눗셈

❶ **두 수도를 틀어 각각 1분 동안 받는 물의 양을 분수로 나타내기**

빈 욕조를 가득 채우는 물의 양을 1로 생각합니다.

(가 수도를 틀어 1분 동안 받는 물의 양)
=1÷(물을 가득 채우는 데 걸리는 시간)
$=1 \div 2 = \frac{1}{2}$

(나 수도를 틀어 1분 동안 받는 물의 양)
=1÷(물을 가득 채우는 데 걸리는 시간)
$=1 \div 4 = \frac{1}{4}$

❷ **두 수도를 동시에 틀어 1분 동안 받는 물의 양을 분수로 나타내기**

(가 수도를 틀어 1분 동안 받는 물의 양)
+(나 수도를 틀어 1분 동안 받는 물의 양)
$=\frac{1}{2} + \frac{1}{4} = \frac{3}{4}$

❸ **두 수도를 동시에 틀어 빈 욕조 3개에 물을 가득 채우는 데 몇 분이 걸리는지 구하기**

$\frac{3}{4} \times 4 = 3$이므로 두 수도를 동시에 틀어 빈 욕조 3개에 물을 가득 채우는 데 4분이 걸립니다.

답 4분

참고 빈 욕조 3개를 가득 채우는 물의 양을 3으로 생각합니다.

수·연산 마무리하기 1회
40~43쪽

1 $\frac{13}{30}$ kg	2 $6\frac{3}{20}$ cm^2	3 $\frac{1}{32}$
4 $1\frac{2}{3}$ L	5 8.04 cm	6 0.16 km
7 $\frac{7}{10}$	8 19.2 m	9 5
10 2시 55분		

1 그림을 그려 해결하기

하루에 먹은 양파의 무게는 전체를 똑같이 12로 나눈 것 중 하나입니다.

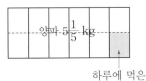

하루에 먹은
양파의 무게

(하루에 먹은 양파의 무게)

$$=5\frac{1}{5} \div 12 = \frac{\overset{13}{26}}{5} \times \frac{1}{\underset{6}{12}} = \frac{13}{30} \text{ (kg)}$$

2 식을 만들어 해결하기

색칠한 부분의 넓이는 정사각형의 넓이를 똑같이 8로 나눈 것 중의 3입니다.

(색칠한 부분의 넓이)

$$=16\frac{2}{5} \div 8 \times 3 = \frac{\overset{41}{82}}{5} \times \frac{1}{\underset{4}{8}} \times 3 = \frac{123}{20}$$

$$=6\frac{3}{20} \text{ (cm}^2)$$

3 거꾸로 풀어 해결하기

어떤 수를 ■라 하여 잘못 계산한 곱셈식을

만들면 $■×6=1\dfrac{1}{8}$ 이고

$■=1\dfrac{1}{8}÷6=\dfrac{\overset{3}{\cancel{9}}}{8}×\dfrac{1}{\underset{2}{\cancel{6}}}=\dfrac{3}{16}$ 입니다.

어떤 수는 $\dfrac{3}{16}$ 이므로 바르게 계산하면

$\dfrac{3}{16}÷6=\dfrac{\overset{1}{\cancel{3}}}{16}×\dfrac{1}{\underset{2}{\cancel{6}}}=\dfrac{1}{32}$ 입니다.

---

4 식을 만들어 해결하기

(물통 5개에 가득 받은 물의 양)
$=2\dfrac{1}{3}×5=\dfrac{7}{3}×5=\dfrac{35}{3}$ (L)
(하루에 마셔야 하는 물의 양)
$=\dfrac{35}{3}÷7=\dfrac{35÷7}{3}=\dfrac{5}{3}=1\dfrac{2}{3}$ (L)

---

5 거꾸로 풀어 해결하기

마름모의 다른 대각선의 길이를 $■$ cm라 하면
(마름모의 넓이)=(한 대각선의 길이)×(다른 대각선의 길이)÷2=$6×■÷2=24.12$ (cm^2)
이므로
$■=24.12×2÷6=48.24÷6=8.04$ (cm)
입니다.
따라서 이 마름모의 다른 대각선의 길이는 8.04 cm입니다.

---

6 식을 만들어 해결하기

1시간 15분=75분
(유진이가 1분 동안 달린 거리)
=(달린 거리)÷(걸린 시간)
$=12÷75=0.16$ (km)
따라서 유진이가 1분 동안 달린 거리는 0.16 km입니다.

---

7 조건을 따져 해결하기

주어진 식을 간단하게 나타내면
$가◎나=\dfrac{가-나}{나}=(가-나)÷나$입니다.

가에 $\dfrac{51}{5}$, 나에 6을 넣어 계산해 봅니다.

$\Rightarrow \dfrac{51}{5}◎6=\left(\dfrac{51}{5}-6\right)÷6=\left(\dfrac{51}{5}-\dfrac{30}{5}\right)÷6$

$=\dfrac{21}{5}÷6=\dfrac{\overset{7}{\cancel{21}}}{5}×\dfrac{1}{\underset{2}{\cancel{6}}}=\dfrac{7}{10}$

---

8 단순화하여 해결하기

도로의 양쪽에 가로등 10개를 설치하려면 도로의 한쪽에는 $10÷2=5$(개)를 설치해야 합니다.
도로의 한쪽에 가로등을 5개 설치하면 가로등과 가로등 사이의 간격은 $5-1=4$(군데) 생깁니다.
(가로등과 가로등 사이의 거리)
=(도로 한쪽의 길이)
　÷(가로등과 가로등 사이의 간격 수)
$=76.8÷4=19.2$ (m)

---

9 조건을 따져 해결하기

$5\dfrac{2}{5}÷6=\dfrac{\overset{9}{\cancel{27}}}{5}×\dfrac{1}{\underset{2}{\cancel{6}}}=\dfrac{9}{10}$,

$\dfrac{60}{7}÷4×2=\dfrac{\overset{15}{\cancel{60}}}{7}×\dfrac{1}{\underset{1}{\cancel{4}}}×2=\dfrac{30}{7}=4\dfrac{2}{7}$

$\Rightarrow \dfrac{9}{10}<■<4\dfrac{2}{7}$이므로 $■$에 들어갈 수 있는 자연수는 1, 2, 3, 4입니다.

따라서 $■$에 들어갈 수 있는 자연수 중에서 가장 큰 수는 4, 가장 작은 수는 1이므로 $4+1=5$입니다.

---

10 단순화하여 해결하기

하루는 24시간이므로
(시계가 한 시간 동안 늦게 가는 시간)
=(시계가 하루 동안 늦게 가는 시간)÷24
$=30÷24=1.25$(분)입니다.
(시계가 4시간 동안 늦게 가는 시간)
=(시계가 한 시간 동안 늦게 가는 시간)×4
$=1.25×4=5$(분)
오전 11시에서 4시간 후의 시각은 오후 3시입니다. 이 시계는 4시간 동안 5분만큼 늦게 가므로 오후 3시에 이 시계가 가리키는 시각은 3시가 되기 5분 전인 2시 55분입니다.

참고 늦게 가는 시계는 정확한 시각보다 이전의 시각을 가리킵니다.

1 $22\dfrac{2}{5}$ kg   **2** $6\dfrac{3}{4}$ m²   **3** 7, 8

4 $\dfrac{9}{28}$ **5** $\dfrac{1}{4}$ kg   **6** 나

7 1.95 kg   **8** 0.387 m   **9** 5.76 m²

10 12일

---

1 식을 만들어 해결하기

(철근 1 m의 무게)
$=$(철근 4 m의 무게)$\div 4=12\dfrac{4}{5}\div 4$

$=\dfrac{\overset{16}{\cancel{64}}}{5}\times\dfrac{1}{\cancel{4}_{1}}=\dfrac{16}{5}$ (kg)

(철근 7 m의 무게)
$=$(철근 1 m의 무게)$\times 7=\dfrac{16}{5}\times 7$

$=\dfrac{112}{5}=22\dfrac{2}{5}$ (kg)

2 그림을 그려 해결하기

	무		배추		

배추를 심은 밭의 넓이는 전체 밭의 넓이를 11등분한 것 중의 3입니다.
➡ (배추를 심은 밭의 넓이)

$=24\dfrac{3}{4}\div 11\times 3=\dfrac{\overset{9}{\cancel{99}}}{4}\times\dfrac{1}{\cancel{11}_{1}}\times 3$

$=\dfrac{27}{4}=6\dfrac{3}{4}$ (m²)

다른 전략 식을 만들어 해결하기

(무를 심고 남은 밭의 넓이)

$=24\dfrac{3}{4}\times\left(1-\dfrac{5}{11}\right)=\dfrac{\overset{9}{\cancel{99}}}{\cancel{4}_{2}}\times\dfrac{\overset{3}{\cancel{6}}}{\cancel{11}_{1}}=\dfrac{27}{2}$ (m²)

(배추를 심은 밭의 넓이)

$=\dfrac{27}{2}\div 2=\dfrac{27}{2}\times\dfrac{1}{2}=\dfrac{27}{4}=6\dfrac{3}{4}$ (m²)

3 조건을 따져 해결하기

$32\div 5=6.4$, $82\div 8=10.25$
➡ $6.4<\square<10.25$이므로 $\square$ 안에 들어갈 수 있는 자연수는 7, 8, 9, 10입니다.

$34.92\div 6=5.82$, $80.28\div 9=8.92$
➡ $5.82<\square<8.92$이므로 $\square$ 안에 들어갈 수 있는 자연수는 6, 7, 8입니다.
따라서 $\square$ 안에 공통으로 들어갈 수 있는 자연수를 모두 구하면 7, 8입니다.

4 조건을 따져 해결하기

나누어지는 수가 작을수록 몫이 작습니다.
세 수의 크기를 비교해 보면 $2<4<7$입니다.
• 나누어지는 수: 만들 수 있는 가장 작은

대분수인 $2\dfrac{4}{7}$

➡ $2\dfrac{4}{7}\div 8=\dfrac{\overset{9}{\cancel{18}}}{7}\times\dfrac{1}{\cancel{8}_{4}}=\dfrac{9}{28}$

5 식을 만들어 해결하기

(사과 바구니 한 개의 무게)
$=$(사과 바구니 5개의 무게)$\div 5$
$=9\dfrac{3}{4}\div 5=\dfrac{39}{4}\times\dfrac{1}{5}=\dfrac{39}{20}$ (kg)

빈 바구니 한 개의 무게는

$0.2=\dfrac{2}{10}=\dfrac{1}{5}$ (kg)이므로

(사과 7개의 무게)
$=$(사과 바구니 한 개의 무게)
   $-$(빈 바구니의 무게)

$=\dfrac{39}{20}-\dfrac{1}{5}=\dfrac{39}{20}-\dfrac{4}{20}=\dfrac{35}{20}=\dfrac{7}{4}$ (kg)

(사과 한 개의 무게)
$=$(사과 7개의 무게)$\div 7=\dfrac{7}{4}\div 7$

$=\dfrac{7\div 7}{4}=\dfrac{1}{4}$ (kg)

6 식을 만들어 해결하기

연료 1 L로 갈 수 있는 거리를 각각 구하여 비교해 봅니다.
• 가 자동차: $85.2\div 6=14.2$ (km)
• 나 자동차: $81.5\div 5=16.3$ (km)
• 다 자동차: $95.2\div 7=13.6$ (km)
16.3 km >14.2 km >13.6 km이므로 연료 1 L로 가장 멀리 갈 수 있는 자동차는 나 자동차입니다.

7 식을 만들어 해결하기

유리와 동생이 달에서 잰 몸무게를 각각 구한
후 몸무게의 차를 구합니다.
(지구에서 잰 몸무게)
=(달에서 잰 몸무게)×6이므로
(달에서 잰 몸무게)=(지구에서 잰 몸무게)÷6
입니다.
➡ (달에서 잰 유리의 몸무게)
　=$40.5 \div 6 = 6.75$ (kg)
➡ (달에서 잰 동생의 몸무게)
　=$28.8 \div 6 = 4.8$ (kg)
따라서 달에서 잰 두 사람의 몸무게의 차는
$6.75 - 4.8 = 1.95$ (kg)입니다.

다른 풀이

(지구에서 잰 두 사람의 몸무게의 차)
=$40.5 - 28.8 = 11.7$ (kg)
(달에서 잰 두 사람의 몸무게의 차)
=(지구에서 잰 두 사람의 몸무게의 차)÷6
=$11.7 \div 6 = 1.95$ (kg)

8 단순화하여 해결하기

0.105 m만큼의 간격이 모두 8군데이므로 모
든 간격의 합은 $0.105 \times 8 = 0.84$ (m)입니다.
그림 한 장의 가로를 □ m라 하면
(게시판의 가로)=$□ \times 7 + 0.84 = 3.549$ (m)
이므로 $□ \times 7 = 2.709$,
$□ = 2.709 \div 7 = 0.387$ (m)입니다.
따라서 그림 한 장의 가로는 0.387 m입니다.

9 식을 만들어 해결하기

처음 화단의 넓이를 ■ m²라 하면 넓어진 화
단의 넓이는 (■+17.28) m²로 나타낼 수 있
습니다.
처음 화단에서 가로는 1.6배로 늘이고, 세로
는 2.5배로 늘였으므로 넓어진 화단의 넓이는
처음 화단의 넓이의 $1.6 \times 2.5 = 4$(배)입니다.

■+17.28=■×4
➡ ■+17.28=■+■+■+■,
　17.28=■+■+■,
　17.28=■×3, ■=17.28÷3=5.76 (m²)
따라서 처음 화단의 넓이는 5.76 m²입니다.

10 단순화하여 해결하기

(두 사람이 함께 하루 동안 하는 일의 양)
=(두 사람이 함께 2일 동안 하는 일의 양)÷2
=$\frac{2}{3} \div 2 = \frac{2 \div 2}{3} = \frac{1}{3}$
전체 일의 양을 1로 생각하면
(하루 동안 하는 일의 양)
=1÷(일을 하는 데 걸리는 날수)와 같으므로
(윤호가 하루 동안 하는 일의 양)
=$1 \div 4 = \frac{1}{4}$입니다.
(소희가 하루 동안 하는 일의 양)
=(두 사람이 함께 하루 동안 하는 일의 양)
　−(윤호가 하루 동안 하는 일의 양)
=$\frac{1}{3} - \frac{1}{4} = \frac{4}{12} - \frac{3}{12} = \frac{1}{12}$

따라서 소희가 하루 동안 전체 일의 $\frac{1}{12}$을
할 수 있으므로 소희가 혼자서 이 일을 하면
일을 모두 마치는 데 12일이 걸립니다.

2장 도형·측정

1 주어진 각기둥은 밑면의 모양이 육각형이므로
육각기둥입니다.

2 (㉠의 쌓기나무 수)$=3×3×4=36$(개),
(㉡의 쌓기나무 수)$=5×2×3=30$(개)이므로
㉠의 부피가 더 큽니다.

3 각기둥은 밑면이 2개이고 서로 합동이고 평
행합니다. 각기둥의 옆면은 밑면과 수직으로
만납니다. 각뿔의 옆면은 모두 삼각형입니다.

4 (직육면체의 부피)$=$(가로)$×$(세로)$×$(높이)
$=6×7×5=210$ (cm^3)
(직육면체의 겉넓이)
$=$(한 꼭짓점에서 만나는 세 면의 넓이의 합)$×2$
$=(6×7+7×5+5×6)×2$
$=107×2=214$ (cm^2)

5 주어진 각뿔은 밑면의 모양이 사각형이므로
사각뿔입니다.
사각뿔의 밑면의 변의 수는 4개이고, 면의 수
는 5개, 꼭짓점의 수는 5개, 모서리의 수는 8개
입니다.

6 주어진 전개도로 만들 수 있는 정육면체는 한
모서리의 길이가 8 cm입니다.
(정육면체의 겉넓이)$=$(한 면의 넓이)$×6$
$=(8×8)×6=384$ (cm^2)

7 삼각기둥의 전개도는 서로 합동인 삼각형 모
양 밑면 2개와, 직사각형 모양 옆면 3개로 이
루어집니다. ㉠은 옆면이 4개이므로 삼각기
둥의 전개도가 될 수 없습니다.

8 (정육면체의 부피)
$=$(한 모서리의 길이)$×$(한 모서리의 길이)
$×$(한 모서리의 길이)
$=200×200×200=8000000$ (cm^3)
1000000 cm$^3=1$ m^{3}이므로
8000000 cm$^3=8$ m^{3}입니다.

식을 만들어 해결하기

익히기   52~53쪽

1   각기둥과 각뿔

문제 분석 둘 중 모서리가 더 많은 입체도형의 이름
5 / 6

해결 전략 3 / 2

풀이 ❶ 5, 오각기둥 / 3, 5, 3, 15
❷ 6, 육각뿔 / 2, 6, 2, 12
❸ 15, 12 / 오각기둥

답 오각기둥

2   직육면체의 부피와 겉넓이

문제 분석 ㉠의 길이는 몇 cm
정사각형 / 175 / 7

해결 전략 높이

풀이 ❶ 높이 / 높이 / 175, 7, 25
❷ 25, 5

답 5

적용하기   54~57쪽

1   각기둥과 각뿔

❶ (각기둥의 꼭짓점의 수)
$=$(한 밑면의 변의 수)$×2$
➡ (한 밑면의 변의 수)
$=$(각기둥의 꼭짓점의 수)$÷2$이므로

꼭짓점이 18개인 각기둥의 한 밑면의 변의 수는 18÷2＝9(개)입니다. 즉 이 각기둥은 한 밑면의 변의 수가 9개이므로 구각기둥입니다.

❷ (각기둥의 면의 수)＝(한 밑면의 변의 수)＋2 이므로 구각기둥의 면의 수는 9＋2＝11(개)입니다.

답 11개

2
직육면체의 부피와 겉넓이

❶ (한 밑면의 넓이)＝5×9＝45 (cm^2)
❷ (직육면체의 부피)
　＝(한 밑면의 넓이)×(높이)이므로
　(높이)＝(직육면체의 부피)÷(한 밑면의 넓이)
　　　＝270÷45＝6 (cm)입니다.

답 6 cm

3
각기둥과 각뿔

❶ 주어진 각기둥은 한 밑면의 변의 수가 3개이므로 삼각기둥입니다.
　(각기둥의 꼭짓점의 수)
　＝(한 밑면의 변의 수)×2이므로
　삼각기둥의 꼭짓점의 수는 3×2＝6(개)입니다.
❷ (각뿔의 꼭짓점의 수)＝(밑면의 변의 수)＋1
　➡ (밑면의 변의 수)＝(각뿔의 꼭짓점의 수)－1
　이므로 꼭짓점이 6개인 각뿔의 밑면의 변의 수는 6－1＝5(개)입니다.
　따라서 삼각기둥과 꼭짓점의 수가 같은 각뿔은 밑면의 변의 수가 5개이므로 오각뿔입니다.

답 오각뿔

4
직육면체의 부피와 겉넓이

❶ (직육면체 가의 부피)＝(가로)×(세로)×(높이)
　　　　　　　　　＝20×10×5
　　　　　　　　　＝1000 (cm^3)
❷ 직육면체 나의 부피를 구하는 식을 세워 보면
　(직육면체 나의 부피)＝(가로)×(세로)×(높이)
　　　　　　　　　　＝□×4×10
　　　　　　　　　　＝1000 (cm^3)이므로
　□×40＝1000, □＝1000÷40＝25 (cm)입니다.

답 25

5
각기둥과 각뿔

❶ 주어진 각기둥의 밑면은 한 변의 길이가 6 cm인 정오각형이므로 오각기둥입니다. 각기둥의 두 밑면은 서로 합동이므로 주어진 오각기둥에서 길이가 6 cm인 모서리는 모두 5×2＝10(개)입니다.
❷ 주어진 오각기둥의 높이는 7 cm입니다. 각기둥의 두 밑면은 옆면과 수직으로 만나므로 주어진 오각기둥에서 길이가 7 cm인 모서리는 모두 5개입니다.
❸ (각기둥의 모든 모서리 길이의 합)
　＝6×10＋7×5＝60＋35＝95 (cm)

답 95 cm

6
직육면체의 부피와 겉넓이

❶ (정육면체의 겉넓이)＝(한 면의 넓이)×6
　➡ (한 면의 넓이)＝(정육면체의 겉넓이)÷6
　이므로 정육면체의 한 면의 넓이는
　96÷6＝16 (cm^2)입니다.
　(정육면체의 한 면의 넓이)
　＝(한 모서리의 길이)×(한 모서리의 길이)
　＝16 (cm^2)이고 4×4＝16이므로 정육면체의 한 모서리의 길이는 4 cm입니다.
❷ (정육면체의 부피)
　＝(한 모서리의 길이)×(한 모서리의 길이)×
　　(한 모서리의 길이)
　＝4×4×4＝64 (cm^3)

답 64 cm^3

7
직육면체의 부피와 겉넓이

❶ **두 상자의 부피 각각 구하기**
　(직육면체 모양 상자 가의 부피)
　＝(가로)×(세로)×(높이)
　＝50×30×20＝30000 (cm^3)
　(정육면체 모양 상자 나의 부피)
　＝(한 모서리의 길이)×(한 모서리의 길이)×
　　(한 모서리의 길이)
　＝10×10×10＝1000 (cm^3)
❷ **가의 부피는 나의 부피의 몇 배인지 구하기**
　(가의 부피)÷(나의 부피)
　＝30000÷1000＝30(배)

답 30배

8

각기둥과 각뿔

❶ 길이가 8 cm인 모서리는 모두 몇 개인지 알아보기
주어진 각뿔은 밑면의 변의 수가 4개이므로
사각뿔입니다.
이 사각뿔은 옆면이 서로 합동이므로 길이가
8 cm인 모서리는 모두 4개입니다.

❷ □ 안에 알맞은 수 구하기
밑면이 정사각형이므로 길이가 □ cm인 모서
리는 모두 4개입니다.
(사각뿔의 모든 모서리 길이의 합)
=□×4+8×4=56 (cm)이므로
□×4+32=56, □×4=24,
□=24÷4=6 (cm)입니다.

답 6

9

직육면체의 부피와 겉넓이

❶ 직육면체의 세로는 몇 cm인지 구하기
(직육면체의 부피)=(가로)×(세로)×(높이)
➡ (세로)=(직육면체의 부피)÷(가로)÷(높이)
이므로
직육면체의 세로는 560÷8÷7=10 (cm)입
니다.

❷ 직육면체의 겉넓이는 몇 cm²인지 구하기
(직육면체의 겉넓이)
=(한 꼭짓점에서 만나는 세 면의 넓이의 합)×2
=(8×10+10×7+7×8)×2
=206×2=412 (cm²)

답 412 cm²

다른 풀이
(직육면체의 겉넓이)
=(한 밑면의 넓이)×2+(옆면의 넓이)
=(8×10)×2+(8+10+8+10)×7
=160+252=412 (cm²)

그림을 그려 해결하기

익히기 58~59쪽

1

각기둥과 각뿔

문제 분석 이 각뿔의 모든 모서리 길이의 합은 몇
cm
4 / 5

풀이 ❶

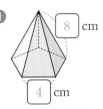

5 / 5 / (오각형) / (오각뿔)

❷ 5 / 5 / 5, 5 / 20, 40, 60

답 60

2

직육면체의 부피와 겉넓이

문제 분석 전개도를 완성하고 이 직육면체의 겉넓
이는 몇 cm²인지 구하시오.
4

해결 전략 2

풀이 ❶

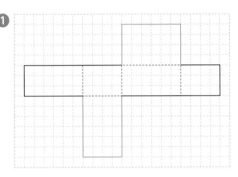

4

❷ 4, 6 / 18, 12, 24, 108

답 108

적용하기 60~63쪽

1

각기둥과 각뿔

❶

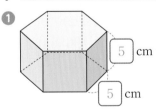

주어진 각기둥은 옆면이 6개이므로 한 밑면
의 변의 수도 6개입니다. 밑면의 모양이 육각
형이므로 육각기둥입니다.

❷ (각기둥의 모서리의 수)
=(한 밑면의 변의 수)×3이므로
육각기둥의 모서리의 수는 6×3=18(개)입
니다. 주어진 각기둥은 모든 모서리의 길이가
5 cm로 같으므로

이 각기둥의 모든 모서리 길이의 합은
5×18=90 (cm)입니다.

답   90 cm

---

2 직육면체의 부피와 겉넓이

❶

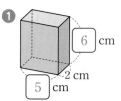

한 꼭짓점에서 만나는 세 모서리의 길이가 각
각 5 cm, 2 cm, 6 cm인 직육면체입니다.

❷ (직육면체의 부피)=(가로)×(세로)×(높이)
　　　　　　　　　=5×2×6=60 (cm³)

답   60 cm³

---

3 직육면체의 부피와 겉넓이

❶

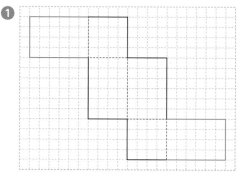

한 꼭짓점에서 만나는 세 모서리의 길이가 각
각 4 cm, 4 cm, 6 cm인 직육면체의 전개도
입니다.

❷ (직육면체의 부피)=(가로)×(세로)×(높이)
　　　　　　　　　=4×4×6=96 (cm³)

답   96 cm³

---

4 직육면체의 부피와 겉넓이

❶

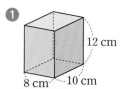

한 꼭짓점에서 만나는 세 모서리의 길이가 각
각 8 cm, 10 cm, 12 cm인 직육면체입니다.

---

❷ (직육면체의 겉넓이)
　=(한 꼭짓점에서 만나는 세 면의 넓이의 합)×2
　=(8×10+10×12+12×8)×2
　=296×2=592 (cm²)

답   592 cm²

다른 풀이

(직육면체의 겉넓이)
=(한 밑면의 넓이)×2+(옆면의 넓이)
=(8×10)×2+(8+10+8+10)×12
=160+432=592 (cm²)

---

5 각기둥과 각뿔

❶

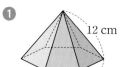

주어진 각뿔은 밑면의 변의 수가 6개이므로
육각뿔이고, 옆면이 모두 합동이므로 밑면은
정육각형입니다.

❷ 주어진 육각뿔에서 길이가 7 cm인 모서리는
6개이고, 길이가 12 cm인 모서리는 6개입
니다.
➡ (각뿔의 모든 모서리 길이의 합)
　　=7×6+12×6=42+72=114 (cm)

답   114 cm

---

6 직육면체의 부피와 겉넓이

❶

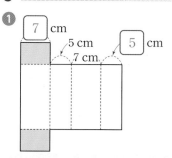

❷ 직육면체의 한 밑면의 둘레는
7+5+7+5=24 (cm)입니다.
(직육면체의 옆면의 넓이)
=(한 밑면의 둘레)×(높이)
➡ (높이)
=(직육면체의 옆면의 넓이)÷(한 밑면의 둘레)
이므로 높이는 360÷24=15 (cm)입니다.

답   15 cm

7

❶ 전개도를 접어서 만들 수 있는 각기둥 그려 보기

주어진 각기둥은 밑면의 모양이 삼각형이므로 삼각기둥입니다.

❷ 각기둥의 모든 모서리 길이의 합은 몇 cm인지 구하기

삼각기둥에서 길이가 11 cm인 모서리는 $3 \times 2 = 6$(개)이고, 길이가 4 cm인 모서리는 3개입니다.

(각기둥의 모든 모서리 길이의 합)
$= 11 \times 6 + 4 \times 3 = 66 + 12 = 78$ (cm)

답 78 cm

8

❶ 전개도에 꼭짓점을 알맞게 나타내기

꼭짓점 ㅁ, 꼭짓점 ㅂ, 꼭짓점 ㅅ, 꼭짓점 ㅇ을 전개도에 바르게 표시합니다.

❷ 전개도에 선분을 알맞게 긋기

전개도에 선분 ㄴㄹ, 선분 ㄴㅅ, 선분 ㅁㅅ을 긋습니다.

답

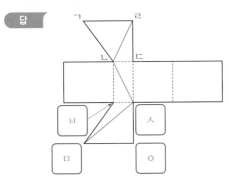

9

❶ 주어진 직육면체의 옆면의 전개도 그려 보기

예

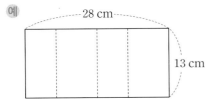

❷ 직육면체의 옆면의 넓이는 몇 cm²인지 구하기

(직육면체의 옆면의 넓이)
$=$ (한 밑면의 둘레) $\times$ (높이)
$= 28 \times 13 = 364$ (cm²)

---

❸ 직육면체의 겉넓이는 몇 cm²인지 구하기

(직육면체의 겉넓이)
$=$ (한 밑면의 넓이) $\times 2 +$ (옆면의 넓이)
$= 48 \times 2 + 364 = 96 + 364 = 460$ (cm²)

답 460 cm²

조건을 따져 해결하기

익히기

1

문제 분석 다음 조건에 알맞은 입체도형의 꼭짓점은 몇 개

24

해결 전략 2

풀이 ❶ 각뿔 / 2 / 2 / 2, 12
❷ 12, 13

답 13

참고 주어진 입체도형은 십이각뿔입니다.

2

문제 분석 둘 중 부피가 더 큰 것의 기호

2.5, 1.2 / 140, 300

해결 전략 1000000

풀이 ❶ 2.5, 1.2, 9
❷ 140, 300, 8400000 / 8.4
❸ 9, 8.4 / 가

답 가

적용하기

1

❶ 옆면의 모양이 모두 직사각형이고 밑면과 옆면이 수직으로 만나는 입체도형은 각기둥입니다.

(각기둥의 면의 수) $=$ (한 밑면의 변의 수) $+ 2$
➡ (한 밑면의 변의 수) $=$ (각기둥의 면의 수) $- 2$
이므로

면이 7개인 각기둥의 한 밑면의 변의 수는
7−2=5(개)입니다.
즉 이 각기둥은 한 밑면의 변의 수가 5개이므
로 오각기둥입니다.

❷ (각기둥의 꼭짓점의 수)
=(한 밑면의 변의 수)×2이므로 오각기둥의
꼭짓점의 수는 5×2=10(개)입니다.

답 10개

2

❶ (직육면체 모양 상자의 부피)
=(가로)×(세로)×(높이)
=2×6×4=48 (m³)
1 m³=1000000 cm³이므로 상자의 부피를
cm³로 나타내면 48 m³=48000000 cm³입니다.

❷ 직육면체 모양 상자의 부피는 48000000 cm³
이고 정육면체 모양 블록의 부피는 8000 cm³
이므로 상자 안에 블록을
48000000÷8000=6000(개)까지 넣을 수
있습니다.

답 6000개

다른 풀이

(정육면체 모양 블록의 부피)=(한 모서리의 길이)
×(한 모서리의 길이)×(한 모서리의 길이)
=8000 (cm³)이고 20×20×20=8000이므로
정육면체 모양 블록의 한 모서리의 길이는
20 cm입니다.
직육면체 모양 상자의
가로에 블록이 200÷20=10(개) 들어가고,
세로에 블록이 600÷20=30(개) 들어가고,
높이에 블록이 400÷20=20(개) 들어가므로
상자 안에 블록을 10×30×20=6000(개)까지
넣을 수 있습니다.

3

❶ ㉠ 1000000 cm³=1 m³이므로
1500000 cm³=1.5 m³입니다.
㉡ 5 m³
㉢ 한 모서리의 길이가 1 m인 정육면체의 부피
는 1×1×1=1 (m³)입니다.
㉣ 가로, 세로, 높이가 각각 50 cm, 100 cm,
100 cm인 직육면체의 부피는

50×100×100=500000 (cm³)이고
500000 cm³=0.5 m³입니다.

❷ 부피를 비교해 보면
㉡ 5 m³＞㉠ 1.5 m³＞㉢ 1 m³＞㉣ 0.5 m³
이므로 부피가 큰 것부터 차례로 기호를 쓰면
㉡, ㉠, ㉢, ㉣입니다.

답 ㉡, ㉠, ㉢, ㉣

다른 풀이

각 부피를 cm³로 바꾸어 나타내 봅니다.
㉠ 1500000 cm³
㉡ 5 m³=5000000 cm³
㉢ 1×1×1=1 (m³)=1000000 (cm³)
㉣ 50×100×100=500000 (cm³)
부피를 비교해 보면
㉡ 5000000 cm³＞㉠ 1500000 cm³＞
㉢ 1000000 cm³＞㉣ 500000 cm³이므로
부피가 큰 것부터 차례로 기호를 쓰면
㉡, ㉠, ㉢, ㉣입니다.

4

❶ 정육면체는 모든 모서리의 길이가 같으므로
직육면체의 가장 짧은 모서리 길이인 3 cm를
정육면체의 한 모서리의 길이로 해야 합니다.

❷ (정육면체의 겉넓이)=(한 면의 넓이)×6이
므로 한 모서리의 길이가 3 cm인 정육면체의
겉넓이는 (3×3)×6=54 (cm²)입니다.

답 54 cm²

5

❶ 옆면의 모양이 모두 삼각형인 입체도형은 각
뿔입니다.
(각뿔의 면의 수)=(밑면의 변의 수)+1
➡ (밑면의 변의 수)=(각뿔의 면의 수)−1
이므로 면의 수가 4개인 각뿔의 밑면의 변의
수는 4−1=3(개)입니다.
즉 이 각뿔은 밑면의 변의 수가 3개이므로 삼
각뿔입니다.

❷ (각뿔의 모서리의 수)=(밑면의 변의 수)×2
이므로 삼각뿔의 모서리의 수는 3×2=6(개)
입니다.

답 6개

6

❶ 각뿔의 밑면의 변의 수를 ■개라 하면
각뿔의 면의 수는 (■+1)개, 모서리의 수는
(■×2)개, 꼭짓점의 수는 (■+1)개로 나타
낼 수 있습니다.
(■+1)+(■×2)−(■+1)=20(개)이므로
■×2=20, ■=20÷2=10(개)입니다.
즉 조건에 알맞은 각뿔은 밑면의 변의 수가
10개이므로 십각뿔입니다.

❷ (각뿔의 꼭짓점의 수)=(밑면의 변의 수)+1
이므로 십각뿔의 꼭짓점의 수는
10+1=11(개)입니다.

답 11개

7

❶ **직육면체의 부피를 m^3로 나타내기**
$1000000\ cm^3 = 1\ m^3$이므로 직육면체의 부피
를 m^3로 나타내면 $12000000\ cm^3 = 12\ m^3$입
니다.

❷ **□ 안에 알맞은 수 구하기**
(직육면체의 부피)
=(가로)×(세로)×(높이)
=□×2.4×2.5=12 (m^3)이므로
□×6=12, □=12÷6=2 (m)입니다.

답 2

다른 풀이
(직육면체의 부피)=(가로)×240×250
=12000000 (cm^3)이므로
(가로)×60000=12000000, (가로)=200 (cm)
이고, 100 cm=1 m이므로 200 cm=2 m입니다.

8

❶ **정육면체 모양 치즈의 한 모서리의 길이는 몇
cm인지 구하기**
정육면체는 모든 모서리의 길이가 같으므로
치즈의 가장 짧은 모서리 길이인 7 cm를 정
육면체 모양 치즈의 한 모서리의 길이로 해야
합니다.

❷ **정육면체 모양 치즈와 남은 치즈의 부피는 각각
몇 cm^3인지 구하기**
(정육면체 모양 치즈의 부피)=7×7×7
=343 (cm^3)

(남은 치즈의 부피)=(16−7)×7×7
=9×7×7=441 (cm^3)

❸ **정육면체 모양 치즈와 남은 치즈의 부피의 차는
몇 cm^3인지 구하기**
(부피의 차)=(남은 치즈의 부피)−(정육면체
모양 치즈의 부피)
=441−343=98 (cm^3)

답 98 cm^3

9

❶ **각기둥 모양 필통의 한 밑면의 변은 몇 개인지
구하기**
각기둥의 한 밑면의 변의 수를 □개라 하면
각기둥의 모서리의 수는 (□×3)개, 꼭짓점
의 수는 (□×2)개로 나타낼 수 있습니다.
(모서리의 수)+(꼭짓점의 수)
=(□×3)+(□×2)=25(개)이므로
□×5=25, □=25÷5=5(개)입니다.

❷ **각기둥 모양 필통의 면은 몇 개인지 구하기**
필통은 한 밑면의 변이 5개이므로 오각기둥
입니다.
(각기둥의 면의 수)=(한 밑면의 변의 수)+2
이므로 오각기둥의 면의 수는 5+2=7(개)입
니다.

답 7개

참고 (□×3)+(□×2)=□+□+□+□+□
=(□×5)

단순화하여 해결하기

익히기

1

문제 분석 쌓은 모양의 겉넓이의 합은 몇 cm^2

2

풀이 ❶ 2 / 2, 2, 4
❷ 16
❸ 4 / 4, 16, 64

답 64

주의 쌓은 모양에서 보이지 않는 면도 빠뜨리지
않고 세도록 합니다.

2

문제 분석 돌의 부피는 몇 cm³

10 / 14

풀이 ❶ 10, 4

❷ 25, 12, 4, 1200

답 1200

적용하기

72~75쪽

1

❶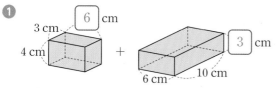

❷ (작은 직육면체의 부피)=6×3×4
=72 (cm³)

(큰 직육면체의 부피)=6×10×3
=180 (cm³)

따라서 입체도형의 부피는
72+180=252 (cm³)입니다.

답 252 cm³

2

❶ (블록 한 개의 부피)=3×3×3=27 (cm³)

❷ 쌓은 블록은 1층에 5개, 2층에 1개이므로 모두 5+1=6(개)입니다.

❸ 입체도형의 부피는 블록 6개의 부피와 같으므로 27×6=162 (cm³)입니다.

답 162 cm³

3

❶ (블록의 한 면의 넓이)=8×8=64 (cm²)

❷

색칠한 부분의 넓이는 블록의 한 면의 넓이의 14배와 같습니다.

❸ (색칠한 부분의 넓이)=64×14=896 (cm²)

답 896 cm²

4

❶ 나는 한 모서리의 길이가 ▲ cm이므로 나의 부피를 식으로 나타내면
(▲×▲×▲) (cm³)입니다.

❷ 가는 한 모서리의 길이가 (▲×2) cm이므로 가의 부피를 식으로 나타내면
(▲×2)×(▲×2)×(▲×2)
=(▲×▲×▲×8) (cm³)입니다.

❸ 가의 부피는 나의 부피의
(▲×▲×▲×8)÷(▲×▲×▲)=8(배)입니다.

답 8배

5

❶ 돌을 물에 잠기게 넣으면 돌의 부피만큼 전체 부피가 늘어납니다. 돌을 넣은 후 물의 높이가 ■ cm만큼 높아졌다고 하면
(돌의 부피)=(수조의 가로)×(수조의 세로)×■
=40×20×■=2400 (cm³)이므로
800×■=2400, ■=2400÷800=3 (cm)
입니다.

❷ 돌을 넣은 후 물의 높이가 3 cm만큼 높아지므로 돌을 넣은 후 물의 높이는
18+3=21 (cm)가 됩니다.

답 21 cm

6

❶ 입체도형의 한 밑면을 그림과 같이 ㉠과 ㉡으로 나누어 한 밑면의 넓이를 구합니다.

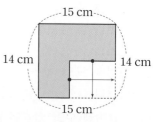

(한 밑면의 넓이)=(㉠의 넓이)+(㉡의 넓이)
=(6×14)+(9×7)=84+63=147 (cm²)

❷ 한 밑면의 둘레는 그림과 같이 가로 15 cm, 세로 7+7=14 (cm)인 직사각형의 둘레와 같습니다.

(옆면의 넓이)=(한 밑면의 둘레)×(높이)
=(15+14+15+14)×4
=58×4=232 (cm²)

❸ (입체도형의 겉넓이)

$=$ (한 밑면의 넓이)$\times 2 +$ (옆면의 넓이)

$=147\times 2 + 232$

$=294+232=526\ (\text{cm}^2)$

> 답 $526\ \text{cm}^2$

7
직육면체의 부피와 겉넓이

❶ 큰 직육면체와 작은 직육면체로 나누어 생각하기

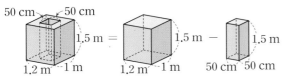

❷ 입체도형의 부피는 몇 m^3인지 구하기

(입체도형의 부피)

$=$ (큰 직육면체의 부피)$-$(작은 직육면체의 부피)

$=1.2\times 1\times 1.5-0.5\times 0.5\times 1.5$

$=1.8-0.375=1.425\ (\text{m}^3)$

> 답 $1.425\ \text{m}^3$

참고 $100\ \text{cm}=1\ \text{m}$이므로 $50\ \text{cm}=0.5\ \text{m}$입니다.

8
직육면체의 부피와 겉넓이

❶ 블록 한 개의 부피는 몇 cm^3인지 구하기

쌓은 블록의 수를 세어 보면 모두 12개입니다.

(블록 한 개의 부피)

$=$ (만든 직육면체의 부피)$\div$(쌓은 블록 수)

$=324\div 12=27\ (\text{cm}^3)$

❷ 블록의 한 모서리의 길이는 몇 cm인지 구하기

블록의 한 모서리의 길이를 ■ cm라 하면

(블록 한 개의 부피)

$=■\times ■\times ■=27\ (\text{cm}^3)$

이고 $3\times 3\times 3=27$이므로 ■$=3\ (\text{cm})$입니다.

> 답 $3\ \text{cm}$

9
직육면체의 부피와 겉넓이

버터 4조각의 겉넓이의 합은 처음 버터의 겉넓이보다 몇 cm^2 늘어나는지 구하기

버터를 똑같이 4조각으로 자르면 자르기 전 버터보다 가로 10 cm, 세로 16 cm인 직사각형 모양 면이 8개 더 생깁니다.

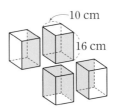

따라서 자른 버터 4조각의 겉넓이의 합은 자르기 전 버터의 겉넓이보다

$(10\times 16)\times 8 = 1280\ (\text{cm}^2)$ 더 늘어납니다.

> 답 $1280\ \text{cm}^2$

도형·측정 마무리하기 1회
76~79쪽

1 $60\ \text{cm}$	**2** ㉡, ㉢, ㉠	**3** $729\ \text{cm}^3$
4 $726\ \text{cm}^2$	**5** $8\ \text{cm}$	**6** $5\ \text{cm}$
7 $210\ \text{cm}$	**8** $232\ \text{cm}^2$	**9** $125\ \text{cm}^3$
10 $280\ \text{cm}^2$		

1 식을 만들어 해결하기

주어진 각뿔의 밑면은 한 변의 길이가 4 cm인 정육각형이므로 육각뿔입니다.

주어진 육각뿔에서 길이가 4 cm인 모서리는 모두 6개이고, 길이가 6 cm인 모서리는 모두 6개입니다.

➡ (각뿔의 모든 모서리 길이의 합)

$=4\times 6+6\times 6=24+36=60\ (\text{cm})$

2 조건을 따져 해결하기

부피를 m^3로 바꾸어 나타내 봅니다.

㉠ $3.5\ \text{m}^3$

㉡ $1000000\ \text{cm}^3=1\ \text{m}^3$이므로

$300000\ \text{cm}^3=0.3\ \text{m}^3$입니다.

㉢ 가로, 세로, 높이가 각각 1.5 m, 2.2 m, 1 m인 직육면체의 부피는

$1.5\times 2.2\times 1=3.3\ (\text{m}^3)$입니다.

부피를 비교해 보면

㉡ $0.3\ \text{m}^3<$ ㉢ $3.3\ \text{m}^3<$ ㉠ $3.5\ \text{m}^3$이므로

부피가 작은 것부터 차례로 기호를 쓰면

㉡, ㉢, ㉠입니다.

3 그림을 그려 해결하기

전개도에서 정사각형의 한 변의 길이는

$27\div 3=9\ (\text{cm})$이므로

만든 선물 상자는 한 모서리의 길이가 9 cm인 정육면체입니다.

➡ (만든 선물 상자의 부피)=9×9×9
  =729 (cm³)

4 조건을 따져 해결하기

정육면체는 모든 모서리의 길이가 같으므로 직육면체의 가장 짧은 모서리 길이인 11 cm를 정육면체의 한 모서리의 길이로 해야 합니다.
따라서 만들 수 있는 가장 큰 정육면체 모양 빵의 겉넓이는
(한 면의 넓이)×6
=(11×11)×6=726 (cm²)입니다.

5 식을 만들어 해결하기

(직육면체의 부피)=(가로)×(세로)×(높이)
  =16×8×4=512 (cm³)
정육면체의 한 모서리의 길이를 □ cm라 하면
(정육면체의 부피)=□×□×□=512 (cm³)
이고 8×8×8=512이므로 주어진 직육면체와 부피가 같은 정육면체의 한 모서리의 길이는 8 cm입니다.

6 그림을 그려 해결하기

주어진 각기둥은 밑면의 모양이 정사각형인 사각기둥 즉 직육면체입니다.

직육면체의 가로와 세로가 모두 3 cm이므로
(직육면체의 한 밑면의 넓이)=3×3=9 (cm²)입니다.
(직육면체의 부피)=(한 밑면의 넓이)×(높이)
➡ (높이)=(직육면체의 부피)÷(한 밑면의 넓이)
이므로 직육면체의 높이는 45÷9=5 (cm)입니다.

7 식을 만들어 해결하기

(각기둥의 면의 수)=(한 밑면의 변의 수)+2
➡ (한 밑면의 변의 수)=(각기둥의 면의 수)−2
이므로 면이 12개인 각기둥의 한 밑면의 변의 수는 12−2=10(개)입니다.
즉 이 각기둥은 한 밑면의 변의 수가 10개이므로 십각기둥입니다.

(각기둥의 모서리의 수)=(한 밑면의 변의 수)×3
이므로 십각기둥의 모서리의 수는
10×3=30(개)입니다.
모서리의 길이가 7 cm로 모두 같으므로 이 각기둥의 모든 모서리 길이의 합은
7×30=210 (cm)입니다.

8 단순화하여 해결하기

주어진 입체도형의 겉넓이는 가로, 세로, 높이가 각각 7 cm, 8 cm, 4 cm

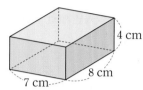

인 처음 직육면체의 겉넓이와 같습니다.
➡ (입체도형의 겉넓이)
  =(7×8+8×4+4×7)×2
  =116×2=232 (cm²)

9 단순화하여 해결하기

만든 직육면체의 겉넓이는 쌓기나무 한 면의 넓이의 (6×4+5×4+6×5)×2=74×2
=148(배)와 같습니다.
쌓기나무의 한 모서리의 길이를 □ cm라 하면
(만든 직육면체의 겉넓이)
=(쌓기나무 한 면의 넓이)×148
=□×□×148=3700 (cm²),
□×□=3700÷148=25이고 5×5=25이므로 □=5 (cm)입니다.
➡ (쌓기나무의 부피)=5×5×5=125 (cm³)

10 그림을 그려 해결하기

주어진 사각기둥의 전개도를 그리고 점 ㄹ과 점 ㅂ을 잇는 선분을 그어 봅니다.

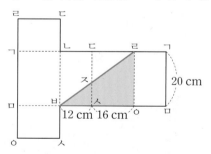

사각형 ㄹㅈㅅㅇ의 넓이와 삼각형 ㅈㅂㅅ의 넓이의 합은 삼각형 ㄹㅂㅇ의 넓이와 같습니다.
➡ (삼각형 ㄹㅂㅇ의 넓이)
  =(12+16)×20÷2
  =28×20÷2=280 (cm²)

1 39 cm **2** 8000개 **3** 135 cm³
4 풀이 참조, 94 cm² **5** 6000 cm³
6 4배 **7** 십이각기둥 **8** 960 cm³
9 6 cm **10** 56 cm²

1 그림을 그려 해결하기

주어진 각기둥은 밑면의 모양이
정삼각형인 삼각기둥입니다.
주어진 삼각기둥에서 길이가
3 cm인 모서리는 $3 \times 2 = 6$(개)
이고, 길이가 7 cm인 모서리는
3개입니다.
➡ (각기둥의 모든 모서리 길이의 합)
 $= 3 \times 6 + 7 \times 3 = 18 + 21 = 39$ (cm)

2 조건을 따져 해결하기

(정육면체 모양 주사위의 부피) $= 10 \times 10 \times 10$
 $= 1000$ (cm³)
(정육면체 모양 상자의 부피) $= 2 \times 2 \times 2$
 $= 8$ (m³)
1 m³ $= 1000000$ cm³이므로 상자의 부피를
cm³로 나타내면 8 m³ $= 8000000$ cm³입니다.
상자의 부피는 8000000 cm³이고 주사위의
부피는 1000 cm³이므로 상자 안에 주사위를
$8000000 \div 1000 = 8000$(개)까지 넣을 수 있
습니다.

다른 풀이

정육면체 모양 상자의 한 모서리에 주사위가
$200 \div 10 = 20$(개)씩 들어가므로 상자 안에
주사위를 $20 \times 20 \times 20 = 8000$(개)까지 넣을
수 있습니다.

3 단순화하여 해결하기

(잘라내기 전 직육면체의 부피) $= 9 \times 6 \times 3$
 $= 162$ (cm³)
(잘라낸 정육면체의 부피) $= 3 \times 3 \times 3$
 $= 27$ (cm³)
(입체도형의 부피) $=$ (잘라내기 전 직육면체
의 부피) $-$ (잘라낸 정육면체의 부피)
 $= 162 - 27 = 135$ (cm³)

4 그림을 그려 해결하기

전개도에서 점선으로 표시된 부분에 나머지
부분을 이어서 그려 전개도를 완성해 봅니다.

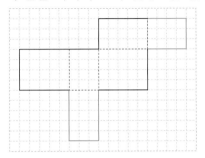

완성한 전개도를 보면 한 꼭짓점에서 만나는
세 모서리의 길이가 각각 5 cm, 3 cm, 4 cm
인 직육면체임을 알 수 있습니다.
(직육면체의 겉넓이)
 $=$ (한 꼭짓점에서 만나는 세 면의 넓이의 합) $\times 2$
 $= (5 \times 3 + 3 \times 4 + 4 \times 5) \times 2$
 $= 47 \times 2 = 94$ (cm²)

5 식을 만들어 해결하기

선물 상자의 겉넓이가 2300 cm²이므로 선물
상자의 높이를 $\square$ cm라 하면
(선물 상자의 겉넓이)
 $=$ (밑면의 넓이) $\times 2 +$ (옆면의 넓이)
 $= (40 \times 10) \times 2 + (40 + 10 + 40 + 10) \times \square$
 $= 2300$ (cm²)이므로
$800 + 100 \times \square = 2300$, $100 \times \square = 1500$,
$\square = 1500 \div 100 = 15$ (cm)입니다.
선물 상자의 가로, 세로, 높이가 각각 40 cm,
10 cm, 15 cm이므로 선물 상자의 부피는
$40 \times 10 \times 15 = 6000$ (cm³)입니다.

참고 직육면체 모양 상자의 겉면에 겹치는 부
분이 없도록 빈틈없이 붙인 포장지의 넓이는
상자의 겉넓이와 같습니다.

6 단순화하여 해결하기

나는 한 모서리의 길이가 ★ cm이므로 나의
겉넓이를 식으로 나타내면
(★ $\times$ ★) $\times 6 =$ (★ $\times$ ★ $\times 6$) (cm²)입니다.
가는 한 모서리의 길이가 (★ $\times 2$) cm이므로 가
의 겉넓이를 식으로 나타내면
(★ $\times 2$) $\times$ (★ $\times 2$) $\times 6 =$ (★ $\times$ ★ $\times 24$) (cm²)
입니다.

따라서 가의 겉넓이는 나의 겉넓이의
$(★×★×24)÷(★×★×6)=4$(배)입니다.

7 조건을 따져 해결하기

각기둥의 한 밑면의 변의 수를 □개라 하면
각기둥의 꼭짓점의 수는 ($□×2$)개, 면의 수
는 ($□+2$)개로 나타낼 수 있습니다.
(꼭짓점의 수)+(면의 수)
$=(□×2)+(□+2)=38$(개)이므로
$□+□+□+2=38$, $□+□+□=36$,
$□×3=36$, $□=36÷3=12$(개)입니다.
따라서 주어진 각기둥은 한 밑면의 변의 수가
12개이므로 십이각기둥입니다.

8 단순화하여 해결하기

돌을 물에 잠기게 넣자 돌을 넣기 전보다 물의
높이가 $30-28=2$ (cm)만큼 높아졌습니다.
돌의 부피는 돌을 넣은 후 늘어난 부피만큼입
니다.
➡ (돌의 부피)=(수조의 가로)×(수조의 세로)
　　　　　　　×(높아진 물의 높이)
　　　　　　$=32×15×2=960$ (cm^3)

9 조건을 따져 해결하기

전개도에서 길이가 8 cm인 선분은 4개이고,
길이가 선분 ㄴㄷ의 길이와 같은 선분은 6개
입니다.

선분 ㄴㄷ의 길이를 □cm라 하면
(전개도의 둘레)=$(8×4)+(□×6)=68$ (cm)
이므로 $32+□×6=68$, $□×6=36$,
$□=36÷6=6$ (cm)입니다.
따라서 선분 ㄴㄷ의 길이는 6 cm입니다.

10 단순화하여 해결하기

입체도형을 다음과 같이 두 부분으로 나누어
색칠한 부분의 넓이를 각각 구한 후 더합니다.

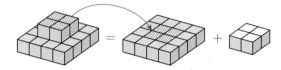

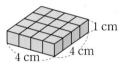

(큰 직육면체의 겉넓이)
$=(4×4+4×1+1×4)×2=24×2$
　　　　　　　　　　　　$=48$ (cm^2)

(작은 직육면체의 옆넓이)
$=(2+2+2+2)×1=8$ (cm^2)
➡ (입체도형의 겉넓이)$=48+8=56$ (cm^2)

3장 규칙성·자료와 가능성

1 49, 7, $\dfrac{7}{49} (=\dfrac{1}{7})$ / 30, 9, $\dfrac{9}{30} (=\dfrac{3}{10})$

2 •─────• • •

• • •

• • •

3 가 마을, 나 마을   **4** 3400 mm

5 ㉡   **6** 75 %

7 3배   **8** 90명

2 $\dfrac{3}{5} = \dfrac{6}{10} = 0.6 \Rightarrow 0.6 \times 100 = 60\,(\%)$

$\dfrac{91}{100} = 0.91 \Rightarrow 0.91 \times 100 = 91\,(\%)$

$\dfrac{13}{20} = \dfrac{65}{100} = 0.65 \Rightarrow 0.65 \times 100 = 65\,(\%)$

3 가장 강수량이 많은 마을은 큰 그림의 수가 가장 많은 가 마을이고, 가장 강수량이 적은 마을은 큰 그림의 수가 가장 적은 나 마을입니다.

4 큰 그림 한 개가 1000 mm를 나타내고, 작은 그림 한 개가 100 mm를 나타냅니다. 가 마을의 강수량은 큰 그림 3개와 작은 그림 4개이므로 3400 mm입니다.

5 전체에 대한 색칠한 부분의 비율을 각각 구해 소수로 나타내 봅니다.

㉠ $\dfrac{3}{6} = \dfrac{1}{2} = \dfrac{5}{10} = 0.5$

㉡ $\dfrac{2}{5} = \dfrac{4}{10} = 0.4$

㉢ $\dfrac{7}{10} = 0.7$

6 직사각형의 가로에 대한 세로의 비율을 백분율로 나타내면 $\dfrac{\overset{3}{\cancel{30}}}{\underset{4}{\cancel{40}}} \times \overset{25}{\cancel{100}} = 75\,(\%)$입니다.

7 스케이트장에 가고 싶은 학생은 전체의 45 %

이고, 놀이공원에 가고 싶은 학생은 전체의 15 %입니다. 따라서 스케이트장에 가고 싶은 학생 수는 놀이공원에 가고 싶은 학생 수의 $45 \div 15 = 3$(배)입니다.

8 눈썰매장에 가고 싶은 학생의 비율을 소수로 나타내면 30 % ➡ 0.3입니다.
따라서 눈썰매장에 가고 싶은 학생은 $300 \times 0.3 = 90$(명)입니다.

식을 만들어 해결하기

익히기   88~89쪽

1   비와 비율

문제 분석	이 액자의 넓이는 몇 cm² 0.45

해결 전략	비율

풀이	❶ (가로), (세로) / 0.45, 18 ❷ 18, 720

답	720

2   여러 가지 그래프

문제 분석	플라스틱 재활용품은 몇 kg 12 / 400

해결 전략	100

풀이	❶ 12 / 60, 40 ❷ 40 / 40, 160

답	160

적용하기   90~93쪽

1   비와 비율

❶ (밀가루 양에 대한 물 양의 비율)
$= \dfrac{(물 양)}{(밀가루 양)} = \dfrac{3}{8}$

❷ (물 양)=(밀가루 양)×(밀가루 양에 대한 물 양의 비율)=$\overset{3}{\cancel{24}} \times \dfrac{3}{\cancel{8}} = 9$(컵)

답 9컵

2

❶ (용돈에 대한 저금하는 금액의 비율)

$=\dfrac{(저금하는\ 금액)}{(용돈)}=\dfrac{300}{1000}=0.3$

❷ (저금하는 금액)

=(용돈)×(용돈에 대한 저금하는 금액의 비율)

=$5000 \times 0.3 = 1500$(원)

답 1500원

3

❶ 도시 인구 80000명 중 학생의 비율을 분수로 나타내면 35 % ➡ $\dfrac{35}{100}$입니다.

(학생 수)=(도시 인구)×(도시 인구 중 학생이 차지하는 비율)

$=\overset{800}{\cancel{80000}} \times \dfrac{35}{\cancel{100}} = 28000$(명)

❷ 학생 28000명 중 여학생의 비율을 분수로 나타내면 42 % ➡ $\dfrac{42}{100}$입니다.

(여학생 수)=(학생 수)×(학생 중 여학생이 차지하는 비율)=$\overset{280}{\cancel{28000}} \times \dfrac{42}{\cancel{100}} = 11760$(명)

답 11760명

4

❶ 1반 학급 문고 200권 중 위인전의 비율을 소수로 나타내면 25 % ➡ 0.25입니다.

(1반에 있는 위인전 수)=(1반 학급 문고 수)×(1반 학급 문고 중 위인전의 비율)

=$200 \times 0.25 = 50$(권)

❷ 2반 학급 문고 180권 중 위인전의 비율은

$100-(40+20+10)=100-70=30$ (%)

➡ 0.3입니다.

(2반에 있는 위인전 수)=(2반 학급 문고 수)×(2반 학급 문고 중 위인전의 비율)

=$180 \times 0.3 = 54$(권)

❸ 50권<54권이므로 위인전이 더 많은 반은 2반입니다.

답 2반

5

❶ (물체 길이에 대한 그림자 길이의 비율)

$=\dfrac{(민혁이의\ 그림자\ 길이)}{(민혁이의\ 키)}=\dfrac{120}{135}=\dfrac{8}{9}$

❷ (나무의 그림자 길이)=(나무의 높이)×(물체 길이에 대한 그림자 길이의 비율)

$=\overset{20}{\cancel{180}} \times \dfrac{8}{\cancel{9}} = 160$ (cm)

답 160 cm

6

❶ 띠그래프에서 입장객 1800명 중 학생의 비율을 소수로 나타내면 50 % ➡ 0.5입니다.

(학생 수)=(박물관 입장객 수)×(입장객 중 학생의 비율)=$1800 \times 0.5 = 900$(명)

❷ 원그래프에서 학생 900명 중 대학생의 비율을 소수로 나타내면 15 % ➡ 0.15입니다.

(대학생 수)=(학생 수)×(학생 중 대학생의 비율)=$900 \times 0.15 = 135$(명)

답 135명

7

❶ **남은 배추는 몇 포기인지 구하기**

전체 배추 중 5 %를 버렸으므로 남은 배추의 비율을 분수로 나타내면 전체의

$100-5=95$ (%) ➡ $\dfrac{95}{100}$입니다.

(남은 배추 수)=(전체 배추 수)×(남은 배추의 비율)=$\overset{6}{\cancel{600}} \times \dfrac{95}{\cancel{100}} = 570$(포기)

❷ **남은 배추를 팔아 얻은 금액은 모두 얼마인지 구하기**

(남은 배추를 팔아 얻은 금액)

=(배추 한 포기의 가격)×(남은 배추 수)

=$3200 \times 570 = 1824000$(원)

답 1824000원

8

❶ 1학년과 2학년 학생이 전체의 몇 %인지 구하기

1학년과 2학년 학생은 전체의

$100-(20+16+17+15)$

$=100-68=32\,(\%)$입니다.

❷ 교통안전 프로그램에 참가하는 학생이 전체의 몇 %인지 구하기

1학년과 2학년 학생의 $50\,\%\Rightarrow0.5$가 교통안전 프로그램에 참가하므로 교통안전 프로그램에 참가하는 학생은

전체의 $32\times0.5=16\,(\%)$입니다.

❸ 교통안전 프로그램에 참가하는 학생의 비율을 소수로 나타내기

$16\,\%$를 소수로 나타내면 $16\,\%\Rightarrow0.16$입니다.

답 0.16

9

❶ 가 도시의 넓이에 대한 인구의 비율 구하기

(가 도시의 넓이에 대한 인구의 비율)

$=\dfrac{(가\ 도시의\ 인구)}{(가\ 도시의\ 넓이)}=\dfrac{5400}{150}=36$

❷ 나 도시의 인구는 몇 명인지 구하기

(나 도시의 인구)=(나 도시의 넓이)×(가 도시의 넓이에 대한 인구의 비율)

$=120\times36=4320$(명)

답 4320명

그림을 그려 해결하기

익히기 94~95쪽

1

문제 분석 운동장의 넓이만큼 색칠하려면 몇 칸을 색칠해야 합니까?
450 / 180 / 100

해결 전략 100

풀이 ❶ 땅의 넓이 / 운동장의 넓이
/ 100, 450, 100, 40
❷ 40, 40

답 40

2

문제 분석 띠그래프로 나타내시오.
14

풀이 ❶ 14 / 34, 6
❷ 12, 30, 6, 15

답 예

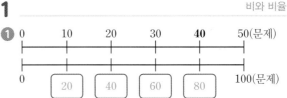

봄 (20 %)	여름 (35 %)	가을 (30 %)	겨울 (15 %)

참고 주어진 띠그래프의 작은 눈금 한 칸은 $1\,\%$를 나타냅니다.

적용하기 96~99쪽

1

❶

0	10	20	30	**40**	50(문제)

| | 20 | 40 | 60 | 80 | |
| 0 | | | | | 100(문제) |

100문제를 풀 때 같은 정답률로 맞힌다면 80문제를 맞히게 됩니다.

❷ 100문제를 풀 때 80문제를 맞히게 되므로 정답률을 백분율로 나타내면 $80\,\%$입니다.

답 80 %

2

❶ 농장 넓이에 대한 포도밭 넓이의 비율을 백분율로 나타내면

$\dfrac{(포도밭\ 넓이)}{(농장\ 넓이)}\times100=\dfrac{\overset{1}{64}}{\underset{5}{320}}\times\overset{20}{100}=20\,(\%)$

입니다.

❷ 주어진 그림은 모눈 100칸으로 나누어져 있습니다.

포도밭의 넓이는 농장 넓이의 $20\,\%$이므로 그림에서 100칸 중 20칸만큼 색칠합니다.

답 예

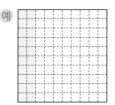

❶ ・게임: $\dfrac{\overset{5}{\cancel{15}}}{\underset{\underset{1}{\cancel{3}}}{\cancel{30}}} \times \overset{10}{\cancel{100}} = 50\,(\%)$

・운동: $\dfrac{\overset{2}{\cancel{6}}}{\underset{\underset{1}{\cancel{3}}}{\cancel{30}}} \times \overset{10}{\cancel{100}} = 20\,(\%)$

・독서: $\dfrac{\overset{1}{\cancel{3}}}{\underset{\underset{1}{\cancel{3}}}{\cancel{30}}} \times \overset{10}{\cancel{100}} = 10\,(\%)$

・기타: $\dfrac{\overset{2}{\cancel{6}}}{\underset{\underset{1}{\cancel{3}}}{\cancel{30}}} \times \overset{10}{\cancel{100}} = 20\,(\%)$

❷ 취미별 학생 수의 백분율을 원그래프로 나타 냅니다.

답　예

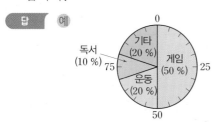

참고 주어진 원그래프의 눈금 한 칸은 5 %를 나 타냅니다.

❶ 전체에 대한 색칠한 부분의 비율을 기약분수 로 나타내면 75 % ➡ $\dfrac{75}{100} = \dfrac{3}{4}$입니다.

❷ 주어진 도형은 12칸으로 나누어져 있으므로 12칸의 $\dfrac{3}{4}$인 $\overset{3}{\cancel{12}} \times \dfrac{3}{\underset{1}{\cancel{4}}} = 9$(칸)만큼 색칠합니다.

답　예

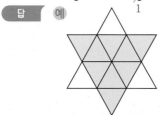

다른 풀이

전체에 대한 색칠한 부분의 비율을 소수로 나타 내면 75 % ➡ 0.75입니다. 주어진 도형은 12칸 으로 나누어져 있으므로 12칸의 0.75인 $12 \times 0.75 = 9$(칸)만큼 색칠합니다.

❶ ・미국: $\dfrac{\overset{30}{\cancel{90}}}{\underset{\underset{1}{\cancel{3}}}{\cancel{300}}} \times \overset{1}{\cancel{100}} = 30\,(\%)$

・일본: $\dfrac{\overset{25}{\cancel{75}}}{\underset{\underset{1}{\cancel{3}}}{\cancel{300}}} \times \overset{1}{\cancel{100}} = 25\,(\%)$

・중국: $\dfrac{\overset{15}{\cancel{45}}}{\underset{\underset{1}{\cancel{3}}}{\cancel{300}}} \times \overset{1}{\cancel{100}} = 15\,(\%)$

・호주: $\dfrac{\overset{12}{\cancel{36}}}{\underset{\underset{1}{\cancel{3}}}{\cancel{300}}} \times \overset{1}{\cancel{100}} = 12\,(\%)$

・기타: $\dfrac{\overset{18}{\cancel{54}}}{\underset{\underset{1}{\cancel{3}}}{\cancel{300}}} \times \overset{1}{\cancel{100}} = 18\,(\%)$

❷ 가 보고 싶은 나라별 학생 수의 백분율을 띠 그래프로 나타냅니다.

답

예

참고 주어진 띠그래프의 작은 눈금 한 칸은 1 % 를 나타냅니다.

❶ 주어진 비율을 기약분수로 나타내면 55 % ➡ $\dfrac{55}{100} = \dfrac{11}{20}$입니다.

❷ 주어진 그림은 20칸으로 나누어져 있으므로 20칸의 $\dfrac{11}{20}$인 $\overset{1}{\cancel{20}} \times \dfrac{11}{\underset{1}{\cancel{20}}} = 11$(칸)만큼 색칠합 니다.

답　예

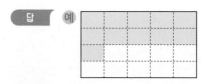

다른 풀이

주어진 비율을 소수로 나타내면 55 % ➡ 0.55 입니다.

주어진 그림은 20칸으로 나누어져 있으므로 20칸의 0.55인 20×0.55=11(칸)만큼 색칠합니다.

7
비와 비율

❶ 소금물 100 g에 녹아 있는 소금은 몇 g인지 알아보기

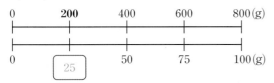

소금물 100 g에 소금이 25 g 녹아 있는 셈입니다.

❷ 소금물 양에 대한 소금 양의 비율은 몇 %인지 구하기

소금물 100 g에 소금이 25 g 녹아 있으므로 소금물 양에 대한 소금 양의 비율을 백분율로 나타내면

$\frac{25}{\underset{1}{\cancel{100}}}×\overset{1}{\cancel{100}}=25$ (%)입니다.

답 25 %

8
비와 비율

❶ 전체에 대한 사용한 부분의 비율을 기약분수로 나타내기

전체에 대한 사용한 부분의 비율을 기약분수로 나타내면 25 % ➡ $\frac{25}{100}=\frac{1}{4}$ 입니다.

❷ 사용한 부분만큼 색칠하기

색종이는 8조각으로 나누어져 있으므로 8조각의 $\frac{1}{4}$ 인 $\overset{2}{\cancel{8}}×\frac{1}{\underset{1}{\cancel{4}}}=2$(조각)만큼 색칠합니다.

답 예

9
여러 가지 그래프

❶ 체험 학습 장소별 학생 수의 백분율 구하기

(조사한 학생 수의 합)
=150+200+115+35=500(명)

· 박물관: $\frac{\overset{40}{\cancel{200}}}{\underset{1}{\cancel{500}}}×\overset{1}{\cancel{100}}=40$ (%)

· 미술관: $\frac{\overset{23}{\cancel{115}}}{\underset{1}{\cancel{500}}}×\overset{1}{\cancel{100}}=23$ (%)

· 기타: $\frac{\overset{7}{\cancel{35}}}{\underset{1}{\cancel{500}}}×\overset{1}{\cancel{100}}=7$ (%)

❷ 원그래프로 나타내기

체험 학습 장소별 학생 수의 백분율을 원그래프로 나타냅니다.

답 예
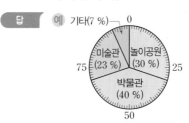

참고 주어진 원그래프의 작은 눈금 한 칸은 1 %를 나타냅니다.

표를 만들어 해결하기

익히기
100~101쪽

1
비와 비율

문제 분석 오토바이를 타고 250 km를 가는 데 걸리는 시간은 몇 시간

50

풀이 ❶
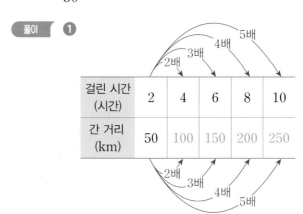

걸린 시간 (시간)	2	4	6	8	10
간 거리 (km)	50	100	150	200	250

❷ 10

답 10

다른 풀이

(걸린 시간에 대한 간 거리의 비율) = $\frac{(간\ 거리)}{(걸린\ 시간)}$

= $\frac{50}{2}=25$

(걸린 시간)=(간 거리)÷(걸린 시간에 대한 간 거리의 비율)=250÷25=10(시간)

2

문제 분석 2020년의 감자 생산량은 몇 t
1520

풀이 ❶ 100, 10 /

연도 (년)	2018	2019	2020	2021	합계
생산량 (t)	440	400	■	320	1520

❷ 400, 320 / 1160, 360

답 360

적용하기

1

❶

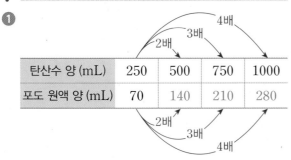

탄산수 양 (mL)	250	500	750	1000
포도 원액 양 (mL)	70	140	210	280

❷ 탄산수 250 mL에 포도 원액을 70 mL 섞어야 하므로 탄산수 1 L=1000 mL에는 포도 원액을 280 mL 섞어야 합니다.

답 280 mL

2

❶

	가	나	다	라	합계
백분율 (%)	30	15	20	35	100
수확량 (t)	36	18	24	42	120

• 나: $\overset{6}{\cancel{120}} \times \dfrac{\overset{3}{\cancel{15}}}{\underset{\underset{1}{\cancel{5}}}{\cancel{100}}} = 18$ (t)

• 다: $\overset{6}{\cancel{120}} \times \dfrac{\overset{4}{\cancel{20}}}{\underset{\underset{1}{\cancel{5}}}{\cancel{100}}} = 24$ (t)

• 라: $\overset{6}{\cancel{120}} \times \dfrac{\overset{7}{\cancel{35}}}{\underset{\underset{1}{\cancel{5}}}{\cancel{100}}} = 42$ (t)

❷ 지역별 사과 수확량을 그림그래프로 나타냅니다.

답

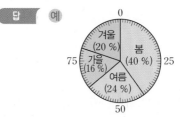

3

❶

	봄	여름	가을	겨울	합계
학생 수 (명)	10	6	4	5	25
백분율 (%)	40	24	16	20	100

• 봄: $\dfrac{10}{\underset{1}{\cancel{25}}} \times \overset{4}{\cancel{100}} = 40$ (%)

• 여름: $\dfrac{6}{\underset{1}{\cancel{25}}} \times \overset{4}{\cancel{100}} = 24$ (%)

• 가을: $\dfrac{4}{\underset{1}{\cancel{25}}} \times \overset{4}{\cancel{100}} = 16$ (%)

• 겨울: $\dfrac{5}{\underset{1}{\cancel{25}}} \times \overset{4}{\cancel{100}} = 20$ (%)

❷ 태어난 계절별 학생 수의 백분율을 원그래프로 나타냅니다.

답 예

원그래프: 0, 25, 50, 75 눈금. 봄 (40 %), 여름 (24 %), 가을 (16 %), 겨울 (20 %)

참고 주어진 원그래프의 작은 눈금 한 칸은 1 %를 나타냅니다.

4

❶ (가로) : (세로)=3 : 2 ➡
$\dfrac{(가로)}{(세로)} = \dfrac{3}{2} = 1.5$ ➡ (가로)=(세로)×1.5

이므로 가로는 세로의 1.5배입니다.

❷

세로 (cm) ……	6	7	8	9	10	……
가로 (cm) ……	9	10.5	12	13.5	15	……
넓이 (cm²) ……	54	73.5	96	121.5	150	……

가로가 세로의 1.5(또는 $\frac{3}{2}$)배일 때 직사각형의 넓이가 150 cm²인 경우를 찾습니다.
따라서 직사각형의 가로는 15 cm, 세로는 10 cm입니다.

답 가로: 15 cm, 세로: 10 cm

5
여러 가지 그래프

❶ 🏺은 500개를 나타내고, 🍶은 50개를 나타내고, •은 10개를 나타냅니다.

공장	가	나	다	라	합계
생산량 (개)	590		1110	1080	5000

❷ 나 공장의 도자기 생산량을 ■개라 하면
(네 공장의 도자기 생산량의 합)
=590+■+1110+1080=5000(개)이므로
■=5000-(590+1110+1080)
=5000-2780=2220(개)입니다.
따라서 나 공장의 도자기 생산량은 2220개입니다.

답 2220개

6
여러 가지 그래프

❶

마을	가	나	다	라	합계
백분율 (%)	15	35	30	20	100
쓰레기 양 (L)	300	700	600	400	2000

• 나: $\overset{20}{2000} \times \dfrac{35}{\underset{1}{100}} = 700$ (L)

• 다: $\overset{20}{2000} \times \dfrac{30}{\underset{1}{100}} = 600$ (L)

• 라: $\overset{20}{2000} \times \dfrac{20}{\underset{1}{100}} = 400$ (L)

❷ 마을별 쓰레기 양을 그림그래프로 나타냅니다.

답

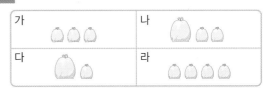

7
비와 비율

❶ 원래 가격과 할인 금액을 표로 나타내기

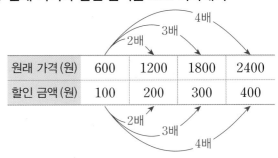

원래 가격 (원)	600	1200	1800	2400
할인 금액 (원)	100	200	300	400

❷ 원래 가격이 2400원인 스케치북은 할인하여 얼마에 파는지 구하기
원래 가격이 2400원인 스케치북은 400원 할인하여 2400-400=2000(원)에 팝니다.

답 2000원

다른 전략 식을 만들어 해결하기

(할인율)=$\dfrac{(할인 금액)}{(원래 가격)}=\dfrac{100}{600}=\dfrac{1}{6}$이므로
원래 가격이 2400원인 스케치북은
(원래 가격)×(할인율)=$\overset{400}{2400} \times \dfrac{1}{\underset{1}{6}}=400$(원)

할인하여 2400-400=2000(원)에 팝니다.

8
여러 가지 그래프

❶ 미술을 좋아하는 학생과 국어를 좋아하는 학생의 백분율 구하기
국어를 좋아하는 학생의 백분율을 ■ %라 하면 미술을 좋아하는 학생의 백분율은 (■×2) %로 나타낼 수 있습니다.
백분율의 합은 100이므로
15+32+23+(■×2)+■=100 (%),
■+■+■+70=100, ■+■+■=30,
■×3=30, ■=30÷3=10 (%)입니다.
즉 국어를 좋아하는 학생의 백분율은 10 %이고, 미술을 좋아하는 학생의 백분율은
10×2=20 (%)입니다.

과목	수학	체육	과학	미술	국어
백분율 (%)	15	32	23	20	10

❷ 미술을 좋아하는 학생은 몇 명인지 구하기

전체 학생 500명 중 20 % ➡ 0.2가 미술을 좋아하므로 미술을 좋아하는 학생은 $500 \times 0.2 = 100$(명)입니다.

답 100명

9
비와 비율

❶ 가로가 세로의 몇 배인지 알아보기

$(가로) : (세로) = 3 : 1 \Rightarrow \dfrac{(가로)}{(세로)} = 3$

➡ $(가로) = (세로) \times 3$이므로 가로는 세로의 3배입니다.

❷ 직사각형의 넓이는 몇 cm²인지 구하기

둘레가 120 cm이므로 가로와 세로의 합은 $120 \div 2 = 60$ (cm)입니다.

가로가 세로의 3배일 때 $(가로) + (세로)$가 60 cm인 경우를 찾습니다.

세로 (cm)	……	10	11	12	13	14	15	……
가로 (cm)	……	30	33	36	39	42	45	……
(가로)+(세로) (cm)	……	40	44	48	52	56	60	……

따라서 가로는 45 cm, 세로는 15 cm이므로 직사각형의 넓이는 $45 \times 15 = 675$ (cm²)입니다.

답 675 cm²

조건을 따져 해결하기

익히기
106~107쪽

1
비와 비율

문제 분석 어느 자동차에 탄 학생들이 자동차를 더 넓다고 느끼겠습니까?

5 / 8

해결 전략 (낮을수록)

풀이 ❶ 5 / 8, 2
❷ 5, 2 / (9인승 자동차)

답 9

참고 두 비율 $\dfrac{5}{9}$와 $\dfrac{2}{3}$의 크기를 비교할 때

$\dfrac{2}{3} = \dfrac{6}{9}$이고 $\dfrac{5}{9} < \dfrac{6}{9}$이므로 $\dfrac{5}{9} < \dfrac{2}{3}$입니다.

2
여러 가지 그래프

문제 분석 자전거 이용자 수가 가장 많은 해와 가장 적은 해의 이용자 수의 차는 몇 명

1000, 100

해결 전략 (많은)

풀이 ❶ (많은) / 2021, 4000 / 2019, (적은), 2018 / 2400
❷ 4000, 2400, 1600

답 1600

적용하기
108~111쪽

1
비와 비율

❶ (수학 경시 대회의 정답률)
$= \dfrac{(맞힌 \ 문제 \ 수)}{(전체 \ 문제 \ 수)} = \dfrac{18}{20} = \dfrac{9}{10} = 0.9$

❷ (영어 경시 대회의 정답률)
$= \dfrac{(맞힌 \ 문제 \ 수)}{(전체 \ 문제 \ 수)} = \dfrac{21}{25} = \dfrac{84}{100} = 0.84$

❸ $0.9 > 0.84$이므로 수학과 영어 중 정답률이 더 높은 과목은 수학입니다.

답 수학

2
여러 가지 그래프

❶ 수도 사용량이 가장 많은 달은 큰 그림의 수가 가장 많은 7월이고, 수도 사용량이 가장 적은 달은 큰 그림의 수가 가장 적은 5월입니다.

❷ 7월의 수도 사용량: 710 t,
5월의 수도 사용량: 470 t
따라서 수도 사용량의 차는
$710 - 470 = 240$ (t)입니다.

답 240 t

3

❶ 원그래프에서 솔아네 마을 사람들의 성씨 중 김씨가 차지하는 비율은 30 %이고, 박씨가 차지하는 비율은 20 %이므로 김씨는 박씨의 30÷20=1.5(배)입니다.

❷ 김씨는 박씨의 1.5배이므로 박씨가 240명일 때 김씨는 240×1.5=360(명)입니다.

답 360명

4

❶ (행복은행의 이자율)

$$=\frac{(이자)}{(예금한 금액)}=\frac{300}{5000}=\frac{6}{100}=0.06$$

❷ (소망은행의 이자율)

$$=\frac{(이자)}{(예금한 금액)}=\frac{990}{18000}=\frac{11}{200}$$
$$=\frac{55}{1000}=0.055$$

❸ 0.06>0.055이므로 이자율이 더 높은 행복은행에 예금하는 것이 더 이익입니다.

답 행복은행

5

❶ (가방의 할인 금액)=(정가)-(판매 가격)
$$=54000-48600$$
$$=5400(원)$$

(가방의 할인율)$=\dfrac{(할인 금액)}{(정가)}\times 100$

$$=\frac{\overset{1}{5400}}{\underset{10}{\underset{1}{54000}}}\times \overset{10}{100}=10\,(\%)$$

❷ (모자의 할인 금액)=(정가)-(판매 가격)
$$=18000-14400$$
$$=3600(원)$$

(모자의 할인율)$=\dfrac{(할인 금액)}{(정가)}\times 100$

$$=\frac{\overset{2}{3600}}{\underset{10}{\underset{1}{18000}}}\times \overset{10}{100}=20\,(\%)$$

❸ 10 %<20 %이므로 모자의 할인율이 더 높습니다.

답 모자

6

❶ 혈액형이 A형인 학생의 백분율은 20 %이고, 혈액형이 B형인 학생의 백분율은 25 %이므로 혈액형이 B형인 학생 수는 혈액형이 A형인 학생 수의 25÷20=1.25(배)입니다.

❷ 혈액형이 B형인 학생 수는 혈액형이 A형인 학생 수의 1.25배이므로 혈액형이 A형인 학생이 60명일 때 혈액형이 B형인 학생은 60×1.25=75(명)입니다.

답 75명

7

❶ **민호의 득표율은 몇 %인지 구하기**

(민호의 득표율)=100-(21+30+42)
$$=100-93=7\,(\%)$$

❷ **예서의 득표 수는 민호의 득표 수의 몇 배인지 구하기**

예서의 득표율은 42 %이고, 민호의 득표율은 7 %이므로 예서의 득표 수는 민호의 득표 수의 42÷7=6(배)입니다.

답 6배

8

❶ **마을의 넓이에 대한 인구의 비율을 각각 구하기**

• 형호네 마을: $\dfrac{(인구)}{(넓이)}=\dfrac{99180}{5}=19836$

• 다인이네 마을: $\dfrac{(인구)}{(넓이)}=\dfrac{86712}{4}=21678$

❷ **인구가 더 밀집한 곳 찾기**

19836<21678이므로 인구가 더 밀집한 곳은 다인이네 마을입니다.

답 다인이네 마을

9

❶ **작년과 올해 공책 한 권의 가격은 각각 얼마인지 구하기**

(작년 공책 한 권의 가격)=2000÷4=500(원)
(올해 공책 한 권의 가격)=3000÷5=600(원)

❷ 올해 공책 한 권의 가격은 작년보다 얼마나 올랐는지 구하기

(작년에 비해 오른 금액)

＝(올해 공책 한 권의 가격)−(작년 공책 한 권의 가격)

＝600−500＝100(원)

❸ 올해 공책 한 권의 가격은 작년 가격의 몇 %만큼 올랐는지 구하기

$\dfrac{(작년에 비해 오른 금액)}{(작년 공책 한 권의 가격)} \times 100$

$= \dfrac{\overset{1}{100}}{\underset{5}{500}} \times \overset{20}{100} = 20\,(\%)$

답 20 %

규칙성·자료와 가능성 마무리하기 1회 112~115쪽

1 20개	**2** 125쪽	**3** 3564 cm²
4 전통시장	**5** 25 t	**6** 나
7 420명	**8** 12 %	
9 		**10** 25000원

1 식을 만들어 해결하기

만든 도자기 중 불량품의 비율을 소수로 나타내면 2 % ➡ 0.02입니다.

(불량품 수)

＝(만든 도자기 수)×(만든 도자기 중 불량품의 비율)

＝1000×0.02＝20(개)

2 조건을 따져 해결하기

30 % ➡ 0.3

어제와 오늘 읽은 부분은 전체의
0.3＋0.2＝0.5이므로 남은 쪽수는 전체의
1−0.5＝0.5입니다.
따라서 어제와 오늘 읽고 남은 쪽수는
250×0.5＝125(쪽)입니다.

다른 풀이

(어제 읽은 쪽수)＝250×0.3＝75(쪽)
(오늘 읽은 쪽수)＝250×0.2＝50(쪽)
따라서 어제와 오늘 읽고 남은 쪽수는
250−(75＋50)＝250−125＝125(쪽)입니다.

3 식을 만들어 해결하기

10 % ➡ 0.1, 20 % ➡ 0.2
(늘인 직사각형의 가로)
＝60＋60×0.1＝60＋6＝66 (cm)
(늘인 직사각형의 세로)
＝45＋45×0.2＝45＋9＝54 (cm)
(늘인 직사각형의 넓이)＝66×54
＝3564 (cm²)

4 조건을 따져 해결하기

전통시장에서는 인형을 정가의
100−12＝88 (%)에 팔고, 할인마트에서는
인형을 정가의 100−15＝85 (%)에 팝니다.

(전통시장에서의 판매가)＝$\overset{60}{6000} \times \dfrac{88}{\underset{1}{100}}$

＝5280(원)

(할인마트에서의 판매가)＝$\overset{70}{7000} \times \dfrac{85}{\underset{1}{100}}$

＝5950(원)

5280원＜5950원이므로 인형을 더 싸게 파는 곳은 전통시장입니다.

다른 풀이

전통시장에서는 인형을

$\overset{60}{6000} \times \dfrac{12}{\underset{1}{100}} = 720(원)$만큼 할인하여

6000−720＝5280(원)에 팔고,
할인마트에서는 인형을

$\overset{70}{7000} \times \dfrac{15}{\underset{1}{100}} = 1050(원)$만큼 할인하여

7000−1050＝5950(원)에 팝니다.
5280원＜5950원이므로 인형을 더 싸게 파는 곳은 전통시장입니다.

5 조건을 따져 해결하기

우유 생산량이 가장 많은 농장은 큰 그림의 수가 가장 많은 라 농장입니다.
➡ 우유 생산량: 40 t
우유 생산량이 가장 적은 농장은 큰 그림의 수가 가장 적은 다 농장입니다.
➡ 우유 생산량: 15 t
따라서 우유 생산량이 가장 많은 농장과 가장

적은 농장의 우유 생산량의 차는
$40-15=25$ (t)입니다.

6 조건을 따져 해결하기

(가 자동차의 속력)$=\dfrac{(간 거리)}{(걸린 시간)}$

$\qquad\qquad\qquad=\dfrac{60}{40}=\dfrac{3}{2}=\dfrac{15}{10}=1.5$

(나 자동차의 속력)$=\dfrac{(간 거리)}{(걸린 시간)}$

$\qquad\qquad\qquad=\dfrac{77}{50}=\dfrac{154}{100}=1.54$

$1.5<1.54$이므로 가 자동차와 나 자동차 중
속력이 더 빠른 것은 나 자동차입니다.

7 식을 만들어 해결하기

(태권도를 배우는 학생 수)$=\overset{525}{\cancel{2100}}\times\dfrac{1}{\underset{1}{\cancel{4}}}$

$\qquad\qquad\qquad\qquad\quad=525$(명)

태권도를 배우는 학생 중 20 %가 축구를 배
우므로 태권도를 배우는 학생 중 축구를 배우
지 않는 학생은 $100-20=80$ (%) ➡ 0.8입
니다.
따라서 태권도를 배우는 학생 중 축구를 배우
지 않는 학생은 $525\times0.8=420$(명)입니다.

다른 풀이

(태권도를 배우는 학생 수)$=\overset{525}{\cancel{2100}}\times\dfrac{1}{\underset{1}{\cancel{4}}}$

$\qquad\qquad\qquad\qquad\quad=525$(명)

태권도를 배우는 학생 중 축구를 배우는 학생
은 $525\times0.2=105$(명)이므로
태권도를 배우는 학생 중 축구를 배우지 않는
학생은 $525-105=420$(명)입니다.

8 조건을 따져 해결하기

16 % ➡ 0.16
(소금 양)$=$(소금물 양)$\times$(소금물 양에 대한
소금 양의 비율)$=150\times0.16=24$ (g)
처음 소금물에 들어 있던 소금의 양은 24 g이
고, 물을 50 g 더 넣으면 소금물의 양은
$150+50=200$ (g)이 됩니다.
따라서 물을 50 g 더 넣으면 소금물의 진하기는

$\dfrac{(소금 양)}{(소금물 양)}\times100=\dfrac{\overset{12}{\cancel{24}}}{\underset{1}{\underset{2}{\cancel{200}}}}\times\overset{1}{\cancel{100}}=12$ (%)

가 됩니다.

참고 소금물의 진하기는 소금물 양에 대한 소
금 양의 비율을 말합니다.

주의 소금물에 물을 더 넣을 때 소금의 양은
변하지 않습니다.

9 그림을 그려 해결하기

마을	수확량
가	
나	
다	

가 마을의 포도 수확량은 5200 kg이고, 나 마을
의 포도 수확량은 4300 kg입니다. 세 마을의
포도 수확량의 합이 12.6 t$=12600$ kg이므로
(다 마을의 포도 수확량)
$=12600-(5200+4300)=3100$ (kg)입니다.
따라서 다 마을의 포도 수확량을 그림그래프
에 나타내면 🍇 3개, 🍇 1개입니다.

10 조건을 따져 해결하기

숙박비는 전체 여행 경비의
$100-(30+20+15+10)=100-75=25$ (%)
➡ $\dfrac{25}{100}$이므로 작년 여행 경비 40만 원 중

숙박비는 $\overset{4000}{\cancel{400000}}\times\dfrac{25}{\underset{1}{\cancel{100}}}=100000$(원)이고,

올해 여행 경비 50만 원 중 숙박비는

$\overset{5000}{\cancel{500000}}\times\dfrac{25}{\underset{1}{\cancel{100}}}=125000$(원)입니다.

따라서 올해 숙박비는 작년 숙박비보다
$125000-100000=25000$(원) 더 늘어납니다.

다른 풀이

숙박비는 전체 여행 경비의 25 % ➡ 0.25이고
(올해 여행 경비)$-$(작년 여행 경비)
$=500000-400000=100000$(원)이므로
올해 숙박비는 작년 숙박비보다
$100000\times0.25=25000$(원) 더 늘어납니다.

1 20 %　　**2** 55명　　**3** 나

4 예

5 $\dfrac{3}{7}$

6 17550원　　**7** 어린이집　　**8** ㉣

9 10 %　　**10** 풀이 참조

---

1 식을 만들어 해결하기

(볼펜의 할인 금액)$=1500-1200=300$(원)

(볼펜의 할인율)$=\dfrac{(\text{할인 금액})}{(\text{정가})}=\dfrac{300}{1500}=\dfrac{1}{5}$

따라서 볼펜의 할인율을 백분율로 나타내면

$\dfrac{1}{\overset{1}{\cancel{5}}}\times\overset{20}{\cancel{100}}=20$ (%)입니다.

2 조건을 따져 해결하기

(상을 받은 학생 수)$=500\times0.2=100$(명)

상을 받은 학생 중 남학생이 45 %이므로 상을 받은 학생 중 여학생은 $100-45=55$ (%)

➡ $\dfrac{55}{100}$입니다.

따라서 상을 받은 여학생은

$\overset{1}{\cancel{100}}\times\dfrac{55}{\underset{1}{\cancel{100}}}=55$(명)입니다.

다른 풀이

(상을 받은 학생 수)$=500\times0.2=100$(명)

(상을 받은 남학생 수)$=100\times0.45=45$(명)

(상을 받은 여학생 수)$=100-45=55$(명)

3 조건을 따져 해결하기

(가 자동차의 연비)$=\dfrac{(\text{간 거리})}{(\text{연료의 양})}=\dfrac{43}{4}$
$=10.75$

(나 자동차의 연비)$=\dfrac{(\text{간 거리})}{(\text{연료의 양})}=\dfrac{54}{5}$
$=10.8$

$10.75<10.8$이므로 나 자동차의 연비가 더 높습니다.

4 그림을 그려 해결하기

(학생 수의 합)$=42+36+42=120$(명)

특별 활동 반별 학생 수의 백분율을 구해 봅니다.

- 미술반: $\dfrac{\overset{7}{\cancel{42}}}{\underset{1}{\cancel{120}}}\times\overset{5}{\cancel{100}}=35$ (%)

- 합창반: $\dfrac{\overset{6}{\cancel{36}}}{\underset{1}{\cancel{120}}}\times\overset{5}{\cancel{100}}=30$ (%)

- 축구반: $\dfrac{\overset{7}{\cancel{42}}}{\underset{1}{\cancel{120}}}\times\overset{5}{\cancel{100}}=35$ (%)

반별 학생 수의 백분율을 원그래프로 나타냅니다.

참고 주어진 원그래프의 눈금 한 칸은 5 %를 나타냅니다.

5 식을 만들어 해결하기

㉮는 서로 수직인 두 변이 각각 30 cm, $30-12=18$ (cm)인 직각삼각형입니다.

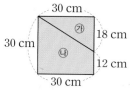

(㉮의 넓이)$=30\times18\div2=270$ (cm²)

㉯는 윗변이 12 cm, 아랫변이 30 cm, 높이가 30 cm인 사다리꼴입니다.

(㉯의 넓이)$=(12+30)\times30\div2=630$ (cm²)

(㉯의 넓이에 대한 ㉮의 넓이의 비율)

$=\dfrac{(\text{㉮의 넓이})}{(\text{㉯의 넓이})}=\dfrac{270}{630}=\dfrac{3}{7}$

6 조건을 따져 해결하기

$30\ \%\Rightarrow\dfrac{30}{100}$, $10\ \%\Rightarrow\dfrac{10}{100}$

(운동화의 정가)$=$(원가)$+$(이익)

$=15000+\overset{150}{\cancel{15000}}\times\dfrac{30}{\underset{1}{\cancel{100}}}$

$=15000+4500=19500$(원)

(운동화의 판매 가격)=(정가)−(할인 금액)

$$=19500-\overset{195}{\cancel{19500}}\times\frac{10}{\underset{1}{\cancel{100}}}=19500-1950$$

$$=17550(원)$$

다른 풀이

운동화의 정가는 원가의 100+30=130 (%)
이므로 15000×1.3=19500(원)입니다.
운동화의 판매 가격은 정가의 100−10=90 (%)
이므로 19500×0.9=17550(원)입니다.

7 조건을 따져 해결하기

(어린이집과 농촌 돕기 동호회의 백분율의 합)
=100−(25+25)=100−50=50 (%)
어린이집의 백분율을 (■×3) %라 하면 농촌
돕기 동호회의 백분율은 (■×2) %로 나타낼
수 있습니다.
(■×3)+(■×2)=50 (%)이므로
■×5=50, ■=50÷5=10 (%)입니다.
➡ 어린이집: 10×3=30 (%),
　농촌 돕기 동호회: 10×2=20 (%)

$\frac{3}{10}$ 을 백분율로 나타내면 $\frac{3}{\underset{1}{\cancel{10}}}\times\overset{10}{\cancel{100}}=30$ (%)

이므로 유주네 반 학생의 $\frac{3}{10}$ 이 봉사활동으로

가고 싶어 하는 단체는 전체의 30 %를 차지
하는 어린이집입니다.

참고 (■×3)+(■×2)=■+■+■+■+■
　　　　　　　　　　　　＝(■×5)

8 조건을 따져 해결하기

용량별 빈용기 보증금의 인상률을 각각 백분
율로 나타내 봅니다.
(㉮ 용량의 빈용기 보증금 인상 금액)
=(인상 후 보증금)−(인상 전 보증금)
=100−40=60(원)
(㉮ 용량의 빈용기 보증금 인상률)

$$=\frac{(인상\ 금액)}{(인상\ 전\ 보증금)}\times100$$

$$=\frac{\overset{3}{\cancel{60}}}{\underset{\underset{1}{2}}{\cancel{40}}}\times\overset{50}{\cancel{100}}=150\ (\%)$$

(㉯ 용량의 빈용기 보증금 인상 금액)
=(인상 후 보증금)−(인상 전 보증금)
=130−50=80(원)
(㉯ 용량의 빈용기 보증금 인상률)

$$=\frac{(인상\ 금액)}{(인상\ 전\ 보증금)}\times100$$

$$=\frac{80}{\underset{1}{\cancel{50}}}\times\overset{2}{\cancel{100}}=160\ (\%)$$

따라서 150 %<160 %이므로 인상률이 더
높은 것은 ㉯입니다.

9 조건을 따져 해결하기

(지난달 사과 한 개의 가격)
=4800÷3=1600(원)
(이번 달 사과 한 개의 가격)
=7200÷5=1440(원)
(지난달에 비해 할인된 금액)
=1600−1440=160(원)
따라서 이번 달 사과 한 개의 가격은 지난달

사과 한 개 가격의 $\frac{\overset{1}{\cancel{160}}}{\underset{\underset{1}{10}}{\cancel{1600}}}\times\overset{10}{\cancel{100}}=10$ (%)만큼

할인되었습니다.

10 표를 만들어 해결하기

가 지역의 자동차 수를 ■대라 하면 다 지역
의 자동차 수를 (■×2)대로 나타낼 수 있습
니다.

지역	가	나	다	라	합계
자동차 수 (대)	■	4090	(■×2)	2630	11700

(네 지역의 자동차 수의 합)
=■+4090+(■×2)+2630=11700(대)
이므로
■+(■×2)=11700−(4090+2630)=4980,
■+■+■=4980, ■×3=4980,
■=4980÷3=1660(대)입니다. 즉 가 지역
의 자동차 수는 1660대, 다 지역의 자동차 수
는 1660×2=3320(대)입니다.
따라서 그림그래프에 가 지역의 자동차 수를
나타내면 🚗 1개, 🚙 6개, •6개이고,
다 지역의 자동차 수를 나타내면 🚗 3개,
🚙 3개, •2개입니다.

문제 해결력 TEST

01 4.5	**02** 20 %	**03** 십일각뿔
04 $2\frac{4}{7}$ cm	**05** 2400명	**06** 105명
07 70 cm	**08** 2.875	**09** 10 cm
10 서인수	**11** 612 kg	**12** 789만 대
13 142 cm^2	**14** 84 cm	**15** ÷, ×
16 200명	**17** 13.2 km	**18** 38.6 t
19 20 %	**20** $\frac{3}{4}$ kg	

01

어떤 수를 ■라 하여 잘못 계산한 곱셈식을 만들면 ■×13=760.5입니다.
곱셈식을 나눗셈식으로 바꾸어 나타내면 760.5÷13=■이므로 ■=58.5입니다.
어떤 수는 58.5이므로 어떤 수를 13으로 나눈 몫은 58.5÷13=4.5입니다.

02

$$(\text{소금물의 진하기})=\frac{(\text{소금 양})}{(\text{소금물 양})}\times 100$$

$$=\frac{\overset{1}{30}}{\underset{5}{\underset{1}{150}}}\times\overset{20}{100}=20\ (\%)$$

03

밑면의 모양이 육각형이므로 주어진 각기둥은 육각기둥입니다.
(각기둥의 꼭짓점의 수)
=(한 밑면의 변의 수)×2이므로 육각기둥의 꼭짓점은 6×2=12(개)입니다.
(각뿔의 꼭짓점의 수)=(밑면의 변의 수)+1 ➡
(밑면의 변의 수)=(각뿔의 꼭짓점의 수)−1
이므로 꼭짓점이 12개인 각뿔의 밑면의 변의 수는 12−1=11(개)입니다.
따라서 주어진 각기둥과 꼭짓점의 수가 같은 각뿔은 십일각뿔입니다.

04

오른쪽 그림과 같이 나누어 만든 직사각형의 가로는 세로의 4배이므로 나누어 만든 직사각형

의 둘레는 세로의 10배입니다.
(나누어 만든 직사각형의 세로)
=(나누어 만든 직사각형의 둘레)÷10

$$=6\frac{3}{7}\div 10=\frac{\overset{9}{45}}{7}\times\frac{1}{\underset{2}{10}}=\frac{9}{14}\ (\text{cm})$$

(정사각형의 한 변의 길이)

$$=\frac{9}{\underset{7}{14}}\times\overset{2}{4}=\frac{18}{7}=2\frac{4}{7}\ (\text{cm})$$

05

(직육면체 모양 상자의 부피)
=20×20×30=12000 (cm^3)
(캐러멜 한 개의 부피)=1×1×1=1 (cm^3)
(상자에 들어 있는 캐러멜의 수)
=12000÷1=12000(개)
따라서 캐러멜을 한 사람에게 5개씩 나누어 준다면 모두 12000÷5=2400(명)에게 줄 수 있습니다.

06

6학년 전체 학생 중 음악을 좋아하는 학생의 비율은 35 % ➡ $\frac{35}{100}$이므로 음악을 좋아하는 학생은 $\overset{3}{300}\times\frac{35}{\underset{1}{100}}=105$(명)입니다.

07

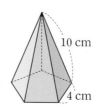

밑면의 모양이 정오각형인 오각뿔입니다.
주어진 오각뿔에서 길이가 4 cm인 모서리는 5개이고, 길이가 10 cm인 모서리는 5개입니다.
➡ (각뿔의 모든 모서리 길이의 합)
=4×5+10×5=20+50=70 (cm)

08

나누어지는 수가 작을수록 나누는 수가 클수록 몫이 작습니다.
나누어지는 수: 23, 나누는 수: 8
➡ 23÷8=2.875

09

(직육면체의 부피)
$=20 \times 10 \times 5=1000 \ (\text{cm}^3)$
(정육면체의 부피)
$=$(한 모서리의 길이)$\times$(한 모서리의 길이)$\times$
(한 모서리의 길이)$=1000 \ (\text{cm}^3)$이고
$10 \times 10 \times 10=1000$이므로 정육면체의 한
모서리의 길이는 10 cm입니다.

10

(김준기 선수의 타율)$=\dfrac{66}{220}=\dfrac{3}{10}=0.3$

(서인수 선수의 타율)$=\dfrac{70}{250}=\dfrac{7}{25}=\dfrac{28}{100}$
$=0.28$

(안민호 선수의 타율)$=\dfrac{72}{225}=\dfrac{8}{25}=\dfrac{32}{100}$
$=0.32$

$0.28<0.3<0.32$이므로 타율이 가장 낮은 선수는 서인수입니다.

11

작년 감 생산량은 재작년 감 생산량보다
15 % 줄었으므로 작년 감 생산량은 재작년 감
생산량의 $100-15=85 \ (\%)$ ➡ 0.85입니다.
(작년 감 생산량)$=$(재작년 감 생산량)$\times 0.85$
$=600 \times 0.85=510 \ (\text{kg})$
올해 감 생산량은 작년 감 생산량보다
20 % 늘었으므로 올해 감 생산량은 작년 감
생산량의 $100+20=120 \ (\%)$ ➡ 1.2입니다.
(올해 감 생산량)$=$(작년 감 생산량)$\times 1.2$
$=510 \times 1.2=612 \ (\text{kg})$

12

자동차가 가장 많은 지역은 서울·인천·경기
지역이고, 가장 적은 지역은 제주 지역입니다.
서울·인천·경기 지역의 자동차 수는 820만
대이고, 제주 지역의 자동차 수는 31만 대이
므로 두 지역의 자동차 수의 차는
820만$-$31만$=$789만(대)입니다.

13

(직육면체의 부피)$=$(가로)$\times$(세로)$\times$(높이) ➡
(높이)$=$(직육면체의 부피)$\div$(가로)$\div$(세로)
$=105 \div 5 \div 3=7 \ (\text{cm})$입니다.
➡ (직육면체의 겉넓이)
$=(5 \times 3) \times 2+(5+3+5+3) \times 7$
$=30+112=142 \ (\text{cm}^2)$

다른 풀이

(직육면체의 높이)$=105 \div 5 \div 3=7 \ (\text{cm})$
(직육면체의 겉넓이)
$=(5 \times 3+3 \times 7+7 \times 5) \times 2$
$=71 \times 2=142 \ (\text{cm}^2)$

14

(각기둥의 면의 수)$=$(한 밑면의 변의 수)$+2$ ➡
(한 밑면의 변의 수)$=$(각기둥의 면의 수)-2
이므로 면이 9개인 각기둥의 한 밑면의 변의
수는 $9-2=7$(개)입니다.
즉 주어진 각기둥은 칠각기둥입니다.
(각기둥의 모서리의 수)$=$(한 밑면의 변의 수)$\times 3$
이므로 칠각기둥의 모서리는 $7 \times 3=21$(개)
입니다.
모서리의 길이가 4 cm로 모두 같으므로 이
각기둥의 모든 모서리 길이의 합은
$4 \times 21=84 \ (\text{cm})$입니다.

15

$7\dfrac{3}{5} \bigcirc 4 \bigcirc 2=3\dfrac{4}{5}$에서 $7\dfrac{3}{5}$은 8에 가깝고
$3\dfrac{4}{5}$는 4에 가까운 수이므로 어림하여 자연수
로 나타내 계산해 보면 $8 \div 4 \otimes 2=4$입니다.

➡ $7\dfrac{3}{5} \div 4 \otimes 2=\dfrac{\overset{19}{\cancel{38}}}{5} \times \dfrac{1}{\underset{2}{\underset{1}{\cancel{4}}}} \times \cancel{2}^{1}=\dfrac{19}{5}=3\dfrac{4}{5}$

16

(취미가 독서인 학생의 비율)
$=100-(35+30+10)=100-75=25 \ (\%)$
이므로 지수네 학교 6학년 학생 수는 취미가
독서인 학생 수의 $100 \div 25=4$(배)입니다.
따라서 취미가 독서인 학생이 50명일 때 지수네
학교 6학년 학생은 $50 \times 4=200$(명)입니다.

17

(수호가 1분 동안 가는 거리)$=2.72\div8$
$$=0.34\ (\text{km})$$
(진아가 1분 동안 가는 거리)$=3.52\div11$
$$=0.32\ (\text{km})$$
(수호가 20분 동안 가는 거리)
$=$(수호가 1분 동안 가는 거리)$\times20$
$=0.34\times20=6.8\ (\text{km})$
(진아가 20분 동안 가는 거리)
$=$(진아가 1분 동안 가는 거리)$\times20$
$=0.32\times20=6.4\ (\text{km})$
(20분 후 수호와 진아 사이의 거리)
$=$(수호가 20분 동안 가는 거리)
$\qquad\qquad +$(진아가 20분 동안 가는 거리)
$=6.8+6.4=13.2\ (\text{km})$

> **다른 풀이**

(수호가 1분 동안 가는 거리)$=2.72\div8$
$$=0.34\ (\text{km})$$
(진아가 1분 동안 가는 거리)$=3.52\div11$
$$=0.32\ (\text{km})$$
(1분 후 수호와 진아 사이의 거리)
$=$(수호가 1분 동안 가는 거리)
$\qquad\qquad +$(진아가 1분 동안 가는 거리)
$=0.34+0.32=0.66\ (\text{km})$
(20분 후 수호와 진아 사이의 거리)
$=0.66\times20=13.2\ (\text{km})$

18

(네 마을의 전체 쌀 생산량)$=36.5\times4$
$$=146\ (\text{t})$$
각 마을의 쌀 생산량은 가 마을: 35 t,
나 마을: 40.3 t, 다 마을: 32.1 t이므로
라 마을의 쌀 생산량을 □ t이라 하면
$35+40.3+32.1+□=146\ (\text{t})$이므로
$□=146-(35+40.3+32.1)$
$\quad =146-107.4=38.6\ (\text{t})$입니다.

19

(잘라낸 직육면체의 부피)
$=6\times12\times5=360\ (\text{cm}^3)$
(처음 큰 직육면체의 부피)
$=(9+6)\times12\times10$
$=15\times12\times10=1800\ (\text{cm}^3)$
➡ $\dfrac{\overset{1}{360}}{\underset{5}{1800}}\times\overset{20}{100}=20\ (\%)$

20

(음료수 한 상자의 무게)
$$=42\frac{9}{10}\div6=\frac{\overset{143}{429}}{10}\times\frac{1}{\underset{2}{6}}=\frac{143}{20}\ (\text{kg})$$
(음료수 9개의 무게)
$$=\frac{143}{20}-0.4=\frac{143}{20}-\frac{4}{10}=\frac{143}{20}-\frac{8}{20}$$
$$=\frac{135}{20}=\frac{27}{4}\ (\text{kg})$$
➡ (음료수 한 개의 무게)
$$=\frac{27}{4}\div9=\frac{27\div9}{4}=\frac{3}{4}\ (\text{kg})$$

> **다른 풀이**

(6상자에 들어 있는 음료수의 수)
$=9\times6=54(\text{개})$
(빈 상자 6개의 무게)$=0.4\times6=2.4\ (\text{kg})$
(음료수 54개의 무게)
$$=42\frac{9}{10}-2.4=42\frac{9}{10}-2\frac{4}{10}$$
$$=40\frac{5}{10}=40\frac{1}{2}\ (\text{kg})$$
➡ (음료수 한 개의 무게)
$$=40\frac{1}{2}\div54=\frac{\overset{3}{81}}{2}\times\frac{1}{\underset{2}{54}}=\frac{3}{4}\ (\text{kg})$$

MEMO

MEMO

문제 해결의 길잡이 원리

수학 **6**-1

---

www.mirae-n.com

학습하다가 이해되지 않는 부분이나 정오표 등의
궁금한 사항이 있나요?
미래엔 홈페이지에서 해결해 드립니다.

교재 내용 문의
나의 교재 문의 | 수학 과외쌤 | 자주하는 질문 | 기타 문의

교재 자료 및 정답
동영상 강의 | 쌍둥이 문제 | 정답과 해설 | 정오표

미래엔 **N** 맘
No.1 New Network
http://cafe.naver.com/mathmap

함께해요!
바른 공부법 캠페인

궁금해요!
교재 질문 & 학습 고민 타파

공부해요!
미래엔 에듀 초·중등 교재

참여해요!
선물이 마구 쏟아지는 이벤트

초등학교

| 학년 | 반 | 이름 |

하루한장 쏙셈

쏙셈 시작편
초등학교 입학 전 연산 시작하기
[2책] 수 세기, 셈하기

쏙셈
교과서에 따른 수·연산·도형·측정까지 계산력 향상하기
[12책] 1~6학년 학기별

쏙셈+플러스
문장제 문제부터 창의·사고력 문제까지 수학 역량 키우기
[12책] 1~6학년 학기별

쏙셈 분수·소수
3~6학년 분수·소수의 개념과 연산 원리를 집중 훈련하기
[분수 2책, 소수 2책] 3~6학년 학년군별

하루한장 한자

그림 연상 한자로 교과서 어휘를 익히고 급수 시험까지 대비하기
[4책] 1~2학년 학기별

하루한장 ENGLISH BITE

ENGLISH BITE 알파벳 쓰기
알파벳을 보고 듣고 따라쓰며 읽기·쓰기 한 번에 끝내기
[1책]

ENGLISH BITE 파닉스
자음과 모음 결합 과정의 발음 규칙 학습으로
영어 단어 읽기 완성
[2책] 자음과 모음, 이중자음과 이중모음

ENGLISH BITE 사이트 워드
192개 사이트 워드 학습으로 리딩 자신감 키우기
[2책] 단계별

ENGLISH BITE 영문법
문법 개념 확인 영상과 함께 영문법 기초 실력 다지기
[Starter 2책 , Basic 2책] 3~6학년 단계별

ENGLISH BITE 영단어
초등 영어 교육과정의 학년별 필수 영단어를
다양한 활동으로 익히기
[4책] 3~6학년 단계별

하루한장 한국사

큰별★쌤 최태성의 한국사
최태성 선생님의 재미있는 강의와 시각 자료로
역사의 흐름과 사건을 이해하기
[3책] 3~6학년 시대별

초등 교과서 발행사 미래엔의
교재로 초등 시기에 길러야 하는
공부력을 강화해 주세요.

개념과 **연산 원리**를 집중하여
한 번에 잡는 **쏙셈 영역 학습서**

하루 한장 쏙셈
분수·소수 시리즈

하루 한장 쏙셈 분수·소수 시리즈는
학년별로 흩어져 있는 분수·소수의 개념을
연결하여 집중적으로 학습하고,
재미있게 연산 원리를 깨치게 합니다.

하루 한장 쏙셈 분수·소수 시리즈로
초등학교 분수, 소수의 탁월한 감각을 기르고,
중학교 수학에서도 자신있게 실력을 발휘해 보세요.

분수 1권
초등학교 3~4학년

> 분수의 뜻
> 단위분수, 진분수, 가분수, 대분수
> 분수의 크기 비교
> 분모가 같은 분수의 덧셈과 뺄셈
> ⋮

3학년 1학기_분수와 소수
3학년 2학기_분수
4학년 2학기_분수의 덧셈과 뺄셈

APP 다운로드

스마트 학습 서비스 맛보기
분수와 소수의 원리를
직접 조작하며 익혀요!

분수 2 권
초등학교 5~6학년

❯ 약수와 배수, 약분과 통분

❯ 분모가 다른 분수의 덧셈과 뺄셈

❯ 분수의 곱셈

❯ 분수의 나눗셈

⋮

소수 1 권
초등학교 3~4학년

❯ 소수 한, 두, 세 자리 수

❯ 소수의 크기 비교

❯ 소수의 덧셈과 뺄셈

❯ 분수와 소수가 있는 덧셈과 뺄셈

⋮

소수 2 권
초등학교 5~6학년

❯ 소수의 곱셈

❯ 소수를 자연수로 나누는 나눗셈

❯ 소수끼리의 나눗셈

❯ 자연수를 소수로 나누는 나눗셈

⋮

문제 해결의 길잡이

원리 수학 **6**-1

1 문제 분석을 통한 수학 독해력 향상

문제에서 구하고자 하는 것과 주어진 조건을 찾아내는 훈련을 통해 수학 독해력을 키웁니다.

2 해결 전략 집중 학습으로 수학적 사고력 향상

8가지 문제 해결 전략을 익히고 적용하는 과정을 집중 연습하여 수학적 사고력을 기릅니다.

3 단계별 서술로 풀이의 정확도 향상

단계별로 서술함으로써 해결 과정을 익히고 풀이의 정확도를 높입니다.

신뢰받는 미래엔

미래엔은 "Better Content, Better Life" 미션 실행을 위해 탄탄한 콘텐츠의 교과서와 참고서를 발간합니다.

소통하는 미래엔

미래엔의 [도서 오류] [정답 및 해설] [도서 내용 문의] 등은 홈페이지를 통해서 확인이 가능합니다.

Contact Mirae-N
www.mirae-n.com
(우)06532 서울시 서초구 신반포로 321
1800-8890

제조자명: ㈜미래엔
주소: 서울시 서초구 신반포로 321
제조국명: 대한민국
KC마크는 이 제품이 공통안전기준에 적합하였음을 의미합니다.

63410
9 791164 139569
ISBN 979-11-6413-956-9
정가 13,000원

초등학교

학년   반

이름

📖 2022개정 교육과정 반영

국어 교과 학습력을 키우는

교과서 달달 쓰기

초등 국어

1-1

Mirae N 에듀

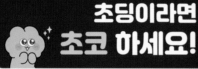